高职高专食品专业工学结合特色教材

番茄制品
生产及检测技术

葛　亮　杨清香　主编

孙来华　范爱军　主审

U0133125

化学工业出版社

·北京·

近年来，我国番茄加工产业发展迅猛，番茄制品在产业链中的作用日益突出。但现有专业技术人才匮乏，为番茄加工企业培养专门人才迫在眉睫，高职院校担负着培养高技能人才的责任，教材是体现教学内容的知识载体，是进行教学的基本工具，也是全面推进素质教育，培养创新人才的重要保证，番茄制品生产技术教材编写尤为必要。本书涵盖了番茄酱、番茄汁、骰粒番茄、整番茄罐头、番茄粉等九种产品的生产和企业常规检测项目，部分资料来源于企业，内容全面，针对性强，可作为食品类专业学生用书，也可作为企业员工培训和工程技术人员参考用书。

图书在版编目（CIP）数据

番茄制品生产及检测技术/葛亮，杨清香主编. —北京：化学工业出版社，2010.7
高职高专食品专业工学结合特色教材
ISBN 978-7-122-08755-3

Ⅰ．番… Ⅱ．①葛…②杨… Ⅲ．①番茄-蔬菜加工-高等学校：技术学院-教材②番茄-食品检验-高等学校：技术学院-教材 Ⅳ．①TS255.5②TS207

中国版本图书馆 CIP 数据核字（2010）第 105260 号

责任编辑：于 卉   文字编辑：赵爱萍
责任校对：吴 静   装帧设计：关 飞

出版发行：化学工业出版社（北京市东城区青年湖南街13号 邮政编码100011）
印 装：北京云浩印刷有限责任公司
720mm×1000mm 1/16 印张8¼ 字数130千字 2010年8月北京第1版第1次印刷

购书咨询：010-64518888（传真：010-64519686） 售后服务：010-64518899
网 址：http://www.cip.com.cn
凡购买本书，如有缺损质量问题，本社销售中心负责调换。

定 价：18.00元

编审人员名单

主　　编　葛　亮　杨清香
主　　审　孙来华　范爱军
编写人员　（按姓名汉语拼音顺序排列）
　　　　　葛　亮　金英姿　潘　锋
　　　　　申玉飞　杨清香　张志强

前 言

近年来，我国番茄加工产业发展迅猛，番茄制品在产业链中的作用日益突出。我国番茄产量和加工总量仅次于美国、意大利，约占世界番茄制品总量的1/4。新疆番茄制品产量占全国的80%，已经成为全球番茄种植和加工的三大中心之一。2009年，新疆番茄种植面积已达120万亩，番茄制品产量达101.46万吨。新疆出口番茄产品主要有番茄酱、去皮番茄或碎块、调味番茄酱、番茄粉、番茄红素等。出口番茄酱浓度规格主要有36%～38%、30%～32%、28%～30%、23%，包装规格主要有1000升、200升、20升、4500克、3000克、1000克、850克、198克等，大包装番茄酱是最主要的产品形式，大多采用200升无菌袋包装和1000升无菌包装。小包装番茄酱和番茄沙司采用马口铁、自立袋、玻璃瓶等罐装。

我国番茄加工企业主要集中在新疆、内蒙古和甘肃等地，但现有专业技术人才匮乏，为番茄加工企业培养专门人才迫在眉睫，高职院校担负着培养高技能人才的重任，教材是体现教学内容的知识载体，是进行教学的基本工具，也是全面推进素质教育，培养创新人才的重要保证，番茄制品生产技术教材编写尤为必要。本书涵盖了番茄酱、番茄汁、骰粒番茄、整番茄罐头、番茄粉等九种产品的生产和企业常规检测项目，部分资料来源于企业，内容全面，针对性强，可作为食品类专业学生用书，也可作为企业员工培训和工程技术人员参考用书。

该书由新疆轻工职业技术学院葛亮、杨清香主编，全书由杨清香统稿，由新疆轻工职业技术学院孙来华和新疆冠农果茸股份有限公司范爱军主审，参与编写的人员还有新疆轻工职业技术学院的金英姿、潘锋、申玉飞、张志强。

本书的编写得到了企业工程技术人员的大力支持，在此表示衷心的感谢。由于编者水平有限，书中难免有不妥之处，敬请读者批评指正。

编　者
2010年5月

目 录

下篇 番茄制品的检验

绪　论

一、概　述

番茄（Lycopersicon esculentum）亦称"番柿"，俗称西红柿，原产南美洲。茄科，番茄属。一年生或多年生草本，株高可达1.5～2m；植株有矮性和蔓性两类，全株具黏质腺毛，有强烈气味。叶为羽状复叶或羽状深裂，边缘具不规则的锯齿或裂，小叶长卵形或长圆形。夏秋开花，总状或聚伞花序腋外生，有花3～7枚，黄色，花萼及花冠各5～7裂，雄蕊5～7枚，花药合生成长圆锥状。浆果呈扁圆、圆或樱桃状，红色、黄色或粉红色。种子扁平，有茸毛，灰黄色。性喜温暖。我国普遍栽培，一般冬春于保护地育苗，春季栽培为主，冬季温室栽培。

早在16世纪，墨西哥等地已开始栽培番茄，此后传播到欧洲等地，大约17、18世纪引入我国，直到中华人民共和国成立后才有较快发展。我国是番茄种植大国，产量仅次于美国，居世界第二。由于番茄自身特点和优势，以及现代栽培技术与加工业的发展，昔日这种一度被人们轻视的蔬菜，如今已变得备受大众青睐。番茄及其制品已经成为人们日常生活中必不可少的重要食品和保健食品，与此同时现代化番茄产业正在蓬勃兴起。番茄制品种类繁多，传统番茄制品主要有番茄酱、整番茄、番茄丁、番茄沙司、番茄汁、番茄饮料、番茄脯和番茄软糖等。随着科学技术的发展，又有许多新的番茄制品被开发出来，如番茄红素、番茄膳食纤维、番茄籽蛋白和番茄籽油等。

二、 原料成分

番茄中蕴藏"黄金"。番茄含有 13 种维生素、17 种矿物质，还富含番茄红素。番茄红素是食物中的一种天然色素成分，由于被发现具有抗氧化、能抑制基因突变、降低核酸损伤、减少心血管疾病及预防癌症等多种功效，番茄红素及其主要食物来源——番茄和番茄制品日益受到营养界的关注。

番茄的化学成分（表 0-1）受番茄的品种、栽培条件、土壤、气温和湿度的影响而有不同。

表 0-1　番茄的化学成分

成 分	含 量	成 分	含 量
水分	94.1%	磷	27mg/100g
蛋白质	0.9%	铁	0.2mg/100g
脂肪	0.2%	维生素 A	0.6mg/100g
碳水化合物	3.9%	维生素 B_6	0.06mg/100g
膳食纤维	0.3%	维生素 C	30mg/100g
灰分	0.6%	尼克酸	0.5mg/100g
钙	11mg/100g		

1. 碳水化合物 ▶▶

蔬菜中的糖类主要有葡萄糖、果糖和蔗糖。番茄主要含有葡萄糖，果糖次之，含有很少的蔗糖、棉子糖等。

2. 果胶 ▶▶

果胶普遍存在于果蔬中，番茄中的含量为 0.2%～0.5%，随着果蔬的成熟，果胶在植物体内有三种状态，原果胶、果胶、果胶酸，番茄在成熟、储藏、加工期间，其体内的果胶物质不断地变化，可简单表示为如下过程。

原果胶→成熟（原果胶酶）→纤维素、果胶→过熟（果胶酶）→甲醇、果胶酸→果胶酸酶→还原糖、半乳糖醛酸

果胶酸有使碱土金属成为非水溶性盐类的能力，比如果胶酸与钙结合后，即成为果胶酸钙而不溶于水，呈胶冻状沉淀，在整番茄罐头生产中常利用这种性质来增加番茄的硬度。番茄中的果胶分为可溶性和不溶性两大类。可溶性果胶与浓缩番茄制品的黏稠性有密切关系。随着番茄成熟度的增长，不溶性原果胶逐渐水解。破碎的番茄中，果胶在果胶酶的作用下，迅速分解成低分子物质，而失去黏性。加工中也根据这个特性来确定加工工艺生产出热破酱和冷破酱。

3. 有机酸 ▶▶

番茄含有苹果酸、柠檬酸和微量草酸、酒石酸、琥珀酸等多种有机酸，在生长过程中酸的种类和含量有所变化，未成熟的番茄含有微量的草酸，正常成熟的番茄主要含有苹果酸和柠檬酸；过熟发软的番茄中苹果酸和柠檬酸降低，并有琥珀酸生成。酸度的强弱取决于 pH 值。蔬菜中含有各种缓冲物质如蛋白质，能限制酸过多离解。酸还与酶的活动、色素物质的变化和抗坏血酸的保存有关。番茄中的有机酸占总酸量的 75%～85%，其中柠檬酸占总酸量的 50%～70%，苹果酸约占总酸量的 10%，游离酸占总酸量的 0.35%～0.55%。番茄的胶状组织部分含酸量较多，而果肉部分含酸量则较少。番茄的 pH 值一般为 3.9～4.6，而以 pH 值 3～4 时为宜。pH 值高时，杀菌时间需要延长，对制品的色泽、果肉的风味和组织均有影响，还会降低维生素 C 的含量。

4. 色素物质 ▶▶

类胡萝卜素包含胡萝卜素、番茄红素、叶黄素。番茄红素为胡

萝卜素的同分异构体，番茄的红色就是这种颜色的反映。番茄中的类胡萝卜素为番茄红素、β-胡萝卜素、α-胡萝卜素及叶黄素等。色泽的好坏决定于色素含量的多少。番茄中一般胡萝卜素平均含量为 $0.4 \sim 0.75 mg/100g$，果肉中的类胡萝卜素的含量为 $8 \sim 12 mg/100g$，其中番茄红素含量为 $85\% \sim 90\%$ 时，番茄呈深红色；若含量为 $70\% \sim 80\%$ 时，番茄呈橙红色。番茄红素最适宜温度是 $24℃$，高于此温度 30% 以上时番茄红素不能形成。成熟度高的红番茄的呈色物质，除类胡萝卜素外，尚含有少量的黄酮类化合物。加工时应该使用成熟的红番茄，若带有绿色是不能加工的。

5. 维生素 ▶▶

番茄热值不高（$836.8 J/kg$），但富含钙、磷及维生素 A、维生素 C，是营养价值很高的食物。维生素 C、维生素 B_2 在番茄中含量较多，而未成熟的番茄富含维生素 K。蔬菜中没有维生素 A，但维生素 A 原（胡萝卜素）进入人的机体内能转化成维生素 A，耐高温；但在加热时遇氧则易氧化，番茄汁在 $100℃$ 加热 4h 胡萝卜素损失 12%，罐藏能很好的保存。维生素 C 是一种不稳定的维生素，可分为 L 型和 D 型两个立体异构体，只有前者才具有生理活性，容易溶解于水，在抗坏血酸酶的作用下，氧化为脱氢抗坏血酸，脱氢抗坏血酸更不稳定，进一步氧化成无生理活性的产物，而且不可逆。上面的这个过程是在酶的作用下进行的，所以这些酶的含量越多活性越大，则蔬菜在储藏加工过程中的维生素 C 的保存量越小。维生素 C 容易被空气氧化，酸性条件下比较稳定。罐藏能很好的保存维生素 C。

6. 蛋白质 ▶▶

番茄中游离氨基酸的种类很多，含量亦较丰富，为 $60 \sim 85 mg/100g$，如表 2-2 所示。

番茄制品中的风味与表 0-2 中的氨基酸有关，脯氨酸与 5-肌苷酸等核酸类相混合，使制品具有优良的香味。番茄所特有的香气由所含挥发性芳香物质所构成，其含量的多少决定于番茄的品种、保藏方法及保藏时间。在加工处理时，因加热芳香物质被挥发，故原料与浓缩番茄制品中的芳香物质含量有很大差别。番茄中芳香物质的成分如下：醛类有乙醛、异戊醛、己醛、糠醛、苯甲醛及其他不饱和醛；酮类有丙酮及其他酮类；醇类有甲醇、乙醇、丙醇类、戊醇类及己醇类；其他成分有甲基水杨酸酯及其他一些酯类、萜烯类化合物。

表 0-2 番茄中氨基酸的种类及含量

名　称	含量/(mg/100g)	名　称	含量/(mg/100g)
丙氨酸	3.3～3.7	蛋氨酸	1.6
β-丙氨酸	0.6	硫甲基蛋氨酸	1.6～3.5
γ-酪氨酸	2.2～48	苯丙氨酸	7.2
精氨酸	3.9～58	丝氨酸	5.7～13
天冬氨酸	26～50	苏氨酸	6.5～7
脯氨酸	77～272	色氨酸	1～56
甘氨酸	2.3	酪氨酸	38
亮氨酸	3.3	缬氨酸	1.9～2
赖氨酸	4.2		

上篇 番茄制品的生产

项目一 番茄酱的生产

番茄酱是番茄的浓缩制品，根据制品浓缩程度的不同［所含可溶性固形物（按折光计）］分为12％、20％、22％及28％等几种规格，其中又以22％～24％和28％～30％为多，国外还有可溶性固形物量大于35％的高浓度番茄酱。

1.1 工艺流程

番茄酱工艺流程如下。

装罐→杀菌→贴标入库

原料验收→洗果→挑选→破碎→预热→打浆→浓缩→杀菌→无菌装罐→贴标入库

1.2 操作要点

1.2.1 原料验收

在整个番茄酱生产过程中，原料验收是关键控制点。生产番茄酱选用工业化生产的专用品种，如红番2号、87-5等品种。选用皮薄、肉厚、籽少、汁少、番茄红素含量高、色泽大红、固形物含量高、风味好、无霉烂、无青果的原料。番茄红素含量高，可以保证番茄酱的良好色泽。番茄酱的色泽是评定产品等级与衡量产品质量的重要指标。可溶性固形物含量高，可以提高产品的得率，降低原料的消耗；可以缩短浓缩时间，既节约燃料，又能提高生产率和设备利用率。番茄按其商品品质划分为一、二、三等，每等按果重分特大、大、中、小、特小5级。各等级应符合表1-1规定。

表 1-1 番茄等级规格

等级	品 质	质 量	限 度
一等	具有同一品种的特征、果形，色泽良好，果面光滑，新鲜、清洁，整齐度较高，无异味，成熟度适宜 无烂果、过熟、日灼伤、褪色斑、疤痕、雹伤、裂果、冻伤、空腔、皱缩、畸形果、病虫害及机械伤	(1)特大果：单果重≥200g (2)大果：单果重150～199g (3)中果：单果重100～149g (4)小果：单果重50～99g (5)特小果：单果重<50g	品质要求两项不合格个数之和不得超过5%，其中软果和烂果之和不得超过1%；质量分级中小果、特小果数不得超过5%
二等	具有相似的品种特征、果形，色泽较好，果面较光滑，新鲜、清洁，硬实，无异味，成熟度适宜，整齐度较高 无烂果、过熟、日灼伤、褪色斑、疤痕、雹伤、裂果、冻伤、空腔、皱缩、畸形果、病虫害及机械伤	(1)大果：单果重≥150g (2)中果：单果重100～149g (3)小果：单果重50～99g (4)特小果：单果重<50g	品质要求两项不合格个数之和不得超过10%，其中软果和烂果之和不得超过1%；质量分级中小果、特小果数不得超过10%
三等	具有相似的品种特征、果形，色泽尚好，果面清洁，较新鲜，无异味，不软，成熟度适宜 无烂果、过熟、严重日灼伤、大疤痕、雹伤、严重裂果、严重畸形果、严重病虫害及机械伤	(1)中果：单果重≥100g (2)小果：单果重50～99g (3)特小果：单果重<50g	品质要求两项不合格个数之和不得超过10%，其中软果和烂果之和不得超过1%；质量分级中小果、特小果数不得超过10%

注：此表等级划分标准不适用于樱桃番茄品种。

企业收购原料是分级付款，如5～10t的卡车（一个车斗），抽检2框，10t以上的卡车（拖挂车）抽检4框，分三个等级计算每一个级别的质量和所占比率。企业原料验收标准见表1-2。

表 1-2 企业原料验收标准

等级	品 质	限 度
一等	具有同一品种的特征、果形，色泽良好均匀，果面光滑，新鲜、清洁 无烂果、过熟、日灼伤、褪色斑、疤痕、雹伤、裂果、冻伤、空腔、皱缩、畸形果、病虫害及机械伤	比率越高越好
二等	具有相似的品种特征、果形，色泽较好但不均匀，果面较光滑，新鲜、清洁，硬实，无异味	
等外果	青果、霉果、过熟、严重日灼伤、大疤痕、雹伤、严重裂果、严重畸形果、严重病虫害及机械伤	超过抽检质量的20%，该车原料拒收

一车原料费用＝总质量×一等比率×一等价格＋总质量×
二等比率×二等价格

1.2.2　原料输送、洗果、选果

1.2.2.1　技术要求

原料在其生长、运输及储藏过程中，会受到尘埃、砂土、微生物及其他污物的污染。因此，加工前必须进行清洗。清洗使用 0.2～2mg/kg 的氯水，抑制霉菌的生长，达到消毒的目的。

番茄原料清洗多采用流送槽或浮洗机。先将番茄均匀倒入进料槽进行预洗，去除杂质；再由刮板式提升机送入浮洗机或鼓风式清洗机洗涤，将番茄表面彻底洗净。

洗净后的番茄升运至滚筒选果台上，由专人进行选果，剔除霉烂、病虫害以及未熟的青绿色的番茄，修除成熟度稍低的番茄蒂把部位的绿色部分，这些绿色部分和蒂把的存在会使制品产生棕褐色杂质。

1.2.2.2　设备

(1) 流送槽　流送装置是用流体载运物料的设备，载运的流体可以是水或气体。广泛用于食品厂。番茄输送载运的流体为水，输送的同时可进行预洗。

① 流送槽的构造　流送槽是具有一定倾斜度的水槽，用砖或水泥制作，也可以用木材或水泥板制作，为便于季节性的装拆，还可用硬聚乙烯板材制作。水槽内壁要求光滑、平整，以减小摩擦功耗，槽底可做成半圆形或矩形，一般多为半圆形，并设除砂装置。槽的倾斜度，即槽两端高度差与长度之比，用于输送时为 0.01～0.02，在转弯处为 0.011～0.015；用作冷却槽时为 0.008～0.01。为避免输送时造成死角，要求拐弯处的曲率半径应大于 3m。用水量为原料的 3～5 倍。水流速度为 0.5～0.8m/s。一般多用离心泵给水加压。操作时，槽中水为槽高的 75%。

② 工作原理　流送槽是利用水为动力，把食品加工中的球状或块状物料，从一地输送到另一地的输送装置，在输送的同时还能完成浸泡、冲洗等作用。流送槽广泛用于番茄、蘑菇、菠萝、土豆、红橘等物料加工中的输送。

③ 计算

a. 每秒通过流送槽某一截面的体积

$$Q=Sv$$

式中 Q——混合物（物料加水）每秒通过的体积，m^3/s；

S——混合物通过流送槽的有效横截面积，m^2；

v——混合物流速，m/s。

而混合物流速

$$v=C\sqrt{Ri}$$

式中 C——槽的粗糙系数（与槽壁、粗糙情况和截面形状有关）；

R——水力半径，$R=\dfrac{S}{\rho}$；

i——流送槽的倾斜度。

若槽的截面为半圆时，则

$$R=\frac{0.75\times0.5\pi r}{0.75\pi r}=0.5r$$

若槽的截面为长方形时，则

$$R=\frac{0.75ab}{1.5a+a}$$

式中 a——槽内壁的高；

b——槽内壁的宽。

若槽的内壁为正方形，则 $R=\dfrac{0.75a^2}{(0.75+2a)+a}$

b. 流送槽的生产能力

$$A=3600Q\rho$$

式中 A——流送槽的生产能力，t/h；

Q——每秒通过流送槽某一截面的混合物体积；

ρ——物料和水的混合物的平均密度。

或 $A=3600\times\dfrac{F_e\mu\rho}{m+1}\times K$

式中 A——生产能力，t/h；

F_e——沟槽的有效截面积，即浸水部分的面积，约为流送槽总截面积的 75%；

μ——物料的流速，一般为 $0.7\sim0.8m/s$；

ρ——物料和水的混合物的平均密度，可取 $1000kg/m^3$；

K——不均衡系数，可取 $0.7\sim0.8$；

m——料水混合比，一般 $3\sim5$。

(2) 浮洗机 浮洗机主要用来洗涤水果类原料，该设备一般配备流送槽输送原料，目前果汁生产线上常配此设备，见图1-1。它主要由洗槽、滚筒输送机、机架及传动装置构成。水果原料经流送槽预洗后，由提升机送入洗槽的前半部浸泡，然后经翻果轮拨入洗槽的后半部分，此处装有高压水管，其上分布有许多距离相同的小孔，高压水从小孔中喷出，使原料翻滚并与水摩擦，原料间也相互摩擦，从而洗净表面污物，由滚筒输送机带着离开洗槽经喷淋水管的高压喷淋水再度冲净，进入检选台检出烂果和修整有缺陷的原料，再经喷淋后送入下道工序。

辊筒输送机与带式输送机结构类似，只是其输送带是在两根链条中间安装了许多直径为76mm的圆柱辊筒，辊筒间距为10mm左右，当驱动链轮带动链条运动时，物料便在辊筒上向前滚动。输送机分为三段，下倾斜段下部没在洗槽中，上倾斜段接入破碎机，中间水平段作为检选段。在倾斜段各装有四根喷淋水管，每根喷淋水管各有两排成90°的喷水孔。

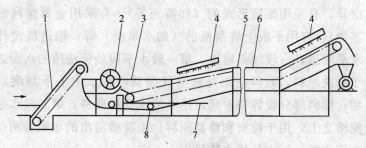

图 1-1　浮选机

1—提升机；2—翻果轮；3—洗槽；4—喷淋水管；
5—检选台；6—滚筒输送机；7—高压水管；8—排水管

(3) 鼓风式清洗机

① 原理　鼓风式清洗机适合于果蔬原料的清洗。其清洗原理是用鼓风机把空气送入洗槽中，使洗槽中的水产生剧烈的翻动，对果蔬原料进行清洗。由于利用空气进行搅拌，因而既可加速污物从

原料上洗除，又能在强烈的翻动下保护原料的完整性。

② 主要结构 鼓风式清洗机主要由洗槽、输送机、喷水装置、空气输送装置、支架及电动机、传动系统等组成。如图1-2所示。

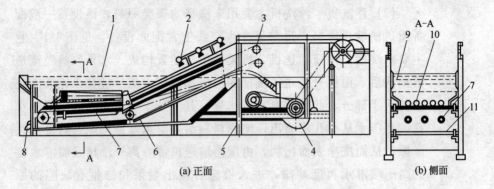

(a) 正面　　　　　　　　(b) 侧面

图 1-2　鼓风式清洗机

1—洗槽；2—喷水装置；3—压轮；4—鼓风机；5—支架；

6—链条；7—空气输送装置；8—排水管；

9—斜槽；10—原料；11—输送机

洗槽的截面为长方形，送空气的吹泡管设在洗槽底部，由下向上将空气吹入洗槽中的清洗水中。原料进入洗槽，放置在输送机上。输送机的两边有链条，链条之间承载原料的输送带形式因原料而异，有采用滚筒形式的（如番茄等）、有采用金属丝网的（如块茎类）、有用平板上装刮板的（如水果类）等。输送机设计为两段水平输送，一段倾斜输送，第一段水平段处于洗槽的水面之下，用于浸洗原料，原料在此处被空气搅动，在水中上下翻滚，洗除泥垢；倾斜部分设置在中间，用于清水喷洗原料；第二段水平段处于洗槽之上，用于检查和修整原料。由洗槽溢出的水顺着两条斜槽排入下水道，污水从排水管排出。

③ 主要技术参数计算 鼓风式清洗机的生产能力，可用下式进行计算。

$$G = 3600Bhv\rho\psi$$

式中　G——生产能力，kg/h；

　　　B——链带宽度，m；

　　　h——原料层高度，m；

　　　v——链带速度，m/s（可取 0.12～0.16）；

ρ——物料的容积密度，kg/m^3；

ψ——链带上装料系数，$0.6\sim0.7$。

1.2.3 破碎与预热

洗净并经挑选的番茄均匀地送入破碎机进行破碎，破碎后的果肉浆汁立即进行预热处理，以破坏果胶酶的活性，更多地保存果胶，保证产品的黏稠度，防止制成品产生汁液分离现象；预热处理还可以使破碎的果肉软化，原料中的原果胶受热分解成果胶，不仅使果肉易与果皮分离，有利于打浆，而且增加了果胶含量；果肉浆汁经预热处理，排除果实组织间及浆汁中的空气，有利于维生素的保存，并可避免在加热浓缩时产生气泡。

根据预热温度的不同，番茄酱分为冷破酱和热破酱，冷破酱的预热温度在$70\sim85\,^{\circ}\!C$之间，而热破酱的预热温度在$85\sim105\,^{\circ}\!C$之间。冷破酱和热破酱的黏度（流速）不同，冷破酱的流速为$7cm/30s$以上，热破酱的流速为$4\sim6cm/30s$。冷破酱呈小块状、聚集状，质地较稀；热破酱呈分散的黏稠状，原因是热破酱的预热温度较高，番茄中的果胶酶遭到破坏，果胶没有被分解，所以，热破酱较为黏稠。

1.2.4 打浆、过滤

1.2.4.1 技术要求

将预热后的果肉浆汁迅速送入打浆机中，打成均匀的番茄浆。目前普遍使用的打浆机为三道连续打浆机，其筛板的孔径为：第一道$1mm$，第二道$0.8mm$，第三道$0.4\sim0.6mm$。通过三道打浆，果肉浆汁被打成均匀的浆体，通过管道送入储浆桶以备浓缩。果皮、籽及粗纤维等杂质在筛筒的另一端排出。排出残渣的干湿度以在手掌中攥紧后，指缝中有汁液而不下滴，放松后手掌上有汁液为宜，若渣过湿，影响出浆率；过干影响番茄制品的风味和形态。一般残渣汁液含量为$3\%\sim4\%$。打浆后需要经过碟片过滤机过滤，去除细小皮籽。

1.2.4.2 设备

从果蔬制汁原理及现代果蔬汁品质要求来看，果蔬汁加工设备应具备以下条件：制汁过程迅速、出汁率高、色香味保存完好、连续作业、容量大、易排渣、操作人员少、故障少、耐磨损等。为了适应番茄酱生产要求，常用打浆机械设备。

(1) 适合的物料 打浆机主要用于番茄酱、果酱罐头的生产中，它可以将水分含量较大的果蔬原料擦碎成浆状物料。

(2) 打浆机的结构及工作原理

① 结构 打浆机的结构如图1-3、图1-4，机壳内水平安装着一个开口圆筒筛，圆筒筛用0.35～1.20mm厚的不锈钢卷成，有圆柱形和圆锥形两种，其上冲有孔眼，两边多有加强圈以增加其强度。传动轴上装有使物料破碎的破碎桨叶和使物料移向破碎桨叶的螺旋推进器及擦碎物料用的两个刮板，刮板用螺栓和安装在轴上的夹持器相连接，通过调整螺栓可以调整刮板与筛筒内壁之间的距离。刮板是用不锈钢制造的一块长方形体，对称安装于轴的两侧，且与轴线有一夹角，该夹角叫导程角。为了保护圆筒筛，常在刮板上装有耐酸橡胶板。

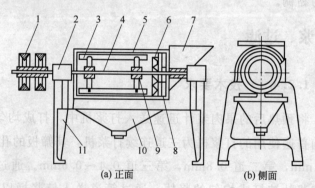

(a) 正面　　　　(b) 侧面

图1-3 打浆机

1—传动轮；2—轴承；3—刮板（棍棒）；4—传动轴；5—圆筒筛；
6—破碎桨叶；7—进料斗；8—螺旋推进器；
9—夹持器；10—出料斗；11—机架

② 原理 工作时，物料由下料斗进入筛筒并被破碎，然后，

图 1-4 双道打浆机

由于刮板的回转作用和导程角的存在,物料沿着圆筒向出料口端移动,在移动的过程中受离心力作用而被擦碎,汁液和浆状肉质从筛孔中漏到收集料斗中。皮和籽等物则从圆筒另一开口端排出,以此达到分离的目的。

③ 影响打浆的因素 物料被擦碎的程度除与物料本身的性质有关外,还与打浆机主轴转速、筛孔直径、筛孔总面积占筛筒总面积的百分率、导程角的大小及刮板与筛筒内壁之间的距离等有关。打浆机分离筛孔直径通常为 0.1~1.5mm,根据加工要求可调换不同孔径的筛筒,筛孔总面积为筛筒总面积的 50% 左右。导程角为 1.5~2.0,棍棒与筛筒内壁间距为 1~4mm。打浆机主轴转速、导程角大小和棍棒与筛筒内壁间距,是三个互为影响的重要参数,如主轴的转速快,物料移动速度快,打浆时间就短;若导程角大,物料移动速度也快,打浆时间亦短,打浆机的速度调整比较麻烦,只调整导程角,就可省去机械调整,也能达到理想的打浆效果,同时容易体现导程角和棍棒与筛筒内壁间距是否合理。如果导程角或间距过大,废渣的含汁率就会较高,反之亦然。为了达到良好的效果,可同时调整导程角和间距,有些情况下只调整一个亦可达到目的。

④ 生产能力计算 打浆机的生产能力是指单位时间内物料通过筛孔的量,它决定于筛筒的直径、长度,刮板的转数,导程角的大小以及筛筒的有效截面积。筛筒为圆柱形的打浆机生产能力的经验计算公式:

$$G=\frac{0.07DL^2n\varphi}{\tan\alpha}$$

式中　G——打浆机的生产能力，kg/h；

　　　D——筛筒内径，mm；

　　　L——筛筒长度，m；

　　　n——刮板转速，r/min；

　　　φ——筛筒有效截面积，%（一般取 25%）；

　　　α——导程角。

筛筒为圆锥形的打浆机生产能力的经验计算公式：

$$G=(4.0\sim5.5)L^2\frac{r_1+r_2}{2}n\varphi$$

式中　r_1——筛筒大头半径，m；

　　　r_2——筛筒小头半径，m。

1.2.5　浓缩

1.2.5.1　技术要求

番茄打浆过滤后，进行浓缩。因浆液一般含水量很高，可溶性固形物含量较低，必须蒸发一部分水分，使制成品达到规定的浓度。制成品的风味也随着其浓度的提高而增加。番茄酱浓缩采用真空浓缩。

1.2.5.2　设备

蒸发浓缩是食品企业使用最广泛的浓缩方法。采用浓缩设备把物料加热，使物料的易挥发部分水分在其沸点温度时不断地由液态变为气态，并将汽化时所产生的二次蒸汽不断排除，从而使制品的浓度不断提高，直至达到浓度要求。浓缩设备随着生产发展的需要，不断改进和更新，推动了食品浓缩工艺和设备的发展。同时，其他浓缩方法如冷冻浓缩、离心浓缩、超滤浓缩也逐步在食品企业中试用和推广。

蒸发设备是指创造蒸发必要条件的设备组合，蒸发过程的必要条件：①供应足够的热能，以维持溶液的沸腾温度和补充因溶剂汽化所带走的热量；②促使溶剂蒸气迅速排除。蒸发设备由蒸发器（具有加热界面和蒸发表面）、冷凝器和抽气泵等部分组成。由于各种溶液的性质不同，蒸发要求的条件差别很大，因此蒸发浓缩设备的形式很多，按不同的分类方法可以分成不同的类型。

(1) 按蒸发面上的压力分类

① 常压浓缩设备　溶剂汽化后直接排入大气，蒸发面上为常压，如夹层锅等。设备结构简单、投资省、维修方便，但蒸发速率低。

② 真空浓缩设备　溶剂在负压状态从蒸发面上汽化，蒸发温度低，有利于物料中营养成分的保存。

(2) 真空浓缩设备的分类　真空浓缩设备的形式很多，一般可按下列方法分类。

① 根据加热蒸汽被利用的次数分类　单效浓缩设备；二效浓缩设备；多效浓缩设备；带有热泵的浓缩设备。

食品企业的多效浓缩装置，一般采用双效、三效，有时还带有热泵装置，效数增多，有利于节约热能，但设备投资费用增加，所以对效数的确定，必须全面分析，细致考虑。

② 根据料液的流程分类　分为循环式（有自然循环式与强制循环式之分）和单程式。一般循环式比单程式热利用率高。

③ 根据加热器结构形式分类　分为非膜式和薄膜式。

a. 非膜式：料液在蒸发器内聚集在一起，只是翻滚或在管中流动，形成大蒸发面。非膜式蒸发器又可分为：盘管式浓缩器；中央循环管式浓缩器。

b. 薄膜式：料液在蒸发时被分散成薄膜状。薄膜式蒸发器又可分为：升膜式薄膜式蒸发器、降膜式薄膜式蒸发器、片式薄膜式蒸发器、刮板式薄膜式蒸发器、离心式薄膜式蒸发器。薄膜式蒸发器的水分蒸发快，因其蒸发面积大，热利用率高，但结构较非膜式复杂。

(3) 蒸发器的选择　蒸发器有很多种类和形式，必须按物料特性进行选择。

① 热敏性　对热过程很敏感，受热后会引起产物发生化学变化或物理变化而影响产品质量的性质称为热敏性。如番茄酱和其他

果酱在温度过高时，会改变色泽和风味，使产品质量降低。这些热敏性物料的变化与温度和时间均有关系，若温度较低，变化很缓慢；温度虽然很高但受热时间很短，变化也很小。因此，食品工业中常用低温蒸发，或在较高温度下的瞬时受热蒸发来解决热敏性物料蒸发过程的特殊要求。一般选用各种薄膜式或真空度较高的蒸发浓缩器。

② 结垢性　有些溶液在受热后，会在加热面上形成积垢，从而增加热阻，降低传热系数，严重影响蒸发效能，甚至因此而停产。故对容易形成积垢的物料应采取有效的防垢措施，如采用管内流速很大的升膜式蒸发设备或其他强制循环的蒸发设备，用高流速来防止积垢生成，或采用电磁防垢、化学防垢等，也可采用方便清洗加热室积垢的蒸发设备。

③ 发泡性　有些溶液在浓缩过程中，会产生大量气泡。这些气泡易被二次蒸汽带走进入冷凝器，一方面造成溶液的损失，增加产品的损耗，另一方面污染其他设备，严重时会造成不能操作。所以，发泡性溶液蒸发时，要降低蒸发器内二次蒸汽的流速，以防止跑泡现象，或在蒸发器的结构上考虑消除发泡的可能性。同时要设法分离回收泡沫，一般采用管内流速很大的升膜式蒸发器或强制循环式蒸发器，用高流速的气体来冲破泡沫。

④ 结晶性　有些溶液在浓度增加时，会有晶粒析出，大量结晶沉积则会妨碍加热面的热传导，严重时会堵塞加热管。要使有结晶的溶液正常蒸发，则要选择带搅拌的或强制循环式蒸发器，用外力使结晶保持悬浮状态。

⑤ 黏滞性　有些料液浓度增大时，黏度也随着增大，而使流速降低，传热系数也随之减小，生产能力下降。故对黏度较高或经加热后黏度会增大的料液，不宜选用自然循环型，而应选用强制循环式、刮板式、降膜式浓缩器。

⑥ 腐蚀性　蒸发腐蚀性较强的料液时，应选用防腐蚀材料制成的设备或是结构上采用更换方便的形式，使腐蚀部分易于定期更换。如柠檬酸液的浓缩器采用石墨加热管或耐酸搪瓷夹层蒸发器等。

(4) 蒸发器的组成　蒸发器是浓缩设备的工作部件，它包括加热室、分离室两部分。加热室的作用是蒸汽通过换热器加热被浓缩的液料，使其中水分汽化。液料中生成的蒸汽称为二次蒸汽。

加热室最初是夹套式和蛇管式的，其后出现了横卧式短管式和竖式短管式，继而又出现竖式长管液膜式和带有叶片的刮板式等。它们有的是属于自然循环型，也有的是属于强制循环型和其他类型。蒸发器的分离室的作用是将二次蒸汽中夹带的雾沫分离出来，它的形式，最初是置于加热室之上并与加热室联为一体，其后出现了与加热室分离而成为独立的分离室。

真空浓缩设备的附属设备主要包括冷凝器、抽真空装置、捕集器等。

① 冷凝器　冷凝器的作用是将真空浓缩所产生的二次蒸汽进行冷凝，并将其中不凝结气体（如空气、二氧化碳等）分离，以减轻真空系统的容积负荷，保证达到所需的真空度。冷凝器的种类很多，分为间接式和直接式两大类型。

间接式冷凝器亦称表面式冷凝器，在这种冷凝器中，二次蒸汽与冷却水不直接接触，而是利用金属壁隔开间接传热，其结构有列管式、板式、螺旋板式和淋水管式。特点是冷凝液可以回收利用，但传热效率低，故用作冷凝的较少。

直接式冷凝器亦称混合式冷凝器，在这种冷凝器中，二次蒸汽与冷却水直接接触而冷凝。

喷射式冷凝器它由喷射器和离心水泵组成，又称水力喷射器，兼有冷凝及抽真空的作用。其工作原理是利用高压水流，通过喷嘴喷出，聚合在一个焦点上。由于喷射的水流速度较快，在周围形成负压区，水流经扩散管增压排出，而在负压区可以不断地吸入二次蒸汽，经导向盘与冷却水接触，冷凝后一起排出。

② 真空泵　常用的真空获得设备有往复式真空泵、水环式真空泵及水力射泵等。

水环式真空泵（简称水环泵），它由泵壳等组成工作室，并配有叶轮、进排气管和偏心轴等部件。泵启动前，工作室内灌一半水，当电机驱动叶轮旋转时，由于离心力的作用，把水甩到工作室壁，形成一个旋转水环，水环上部内表面与轮壳相切，旋转的叶轮，在前半转中，水环内表面逐渐与轮壳离开，各叶片之间的空隙逐渐扩大，这样气体经进气管被吸入工作室；在后半转中，水环的内表面逐渐与轮壳接近，叶片间的空隙逐渐缩小，气体在各叶片间被压缩，由排气管排出。叶轮每转一周，叶片间的容积改变一次，叶片间的水反复运动，不断地吸取和排出气体，使所联的工作容器内达一定真空度。

这类泵结构简单、易于制造，操作可靠，转速较高，与电机直联，内部不需润滑，使排出气体免受污染，排气量较均匀，工作平稳可靠。但因高速运转，水的冲击使叶轮与轮壳磨损，造成真空度下降，需经常更换零件，效率较低，为 30%～50%，真空度较低，为 2～4kPa。

③ 捕集器 捕集器一般安装在分离室的顶部或侧面。其作用是防止蒸发过程形成的细微液滴被二次蒸汽带出，对汽液进行分离，以减少料液损失，同时避免污染管道及其他蒸发器的加热面。捕集器的形式很多，可分惯性型和离心型。

(5) 多效真空浓缩 目前，番茄酱生产企业广泛采用真空浓缩，即一般在 18～8kPa 低压状态下，以蒸汽间接加热方式，对料液加热，使其在低温下沸腾蒸发，这样物料温度低，且加热所用蒸汽与沸腾液料的温差增大，在相同传热条件下，比常压蒸发时的蒸发速率快，可减少液料营养的损失，并可利用低压蒸汽做蒸发热源。真空浓缩设备根据加热蒸汽被利用的次数可分为单效浓缩设备、二效浓缩设备、多效浓缩设备、带有热泵的浓缩设备。番茄酱生产多采用三效降膜浓缩设备。

① 多效蒸发的原理 生产中为了降低蒸汽的消耗量，充分利用二次蒸汽，常采用多效浓缩，实现多效浓缩的条件是各效蒸发器中的加热蒸汽的温度或压强需比该效蒸发器中的二次蒸汽的温度和压力要高，即两者有温度差存在，才能使引入的加热蒸汽起加热作用。

② 三效降膜真空浓缩设备 图 1-5 所示为三效降膜真空浓缩设备，由第一、二、三效蒸发器、第一、二、三效分离器、双级水环式真空泵、液料泵、预热器、液料平衡槽、水泵和各种阀门、仪表等构成。第一、二、三效蒸发器的结构相同，内部除装有蒸发列管外，还有预热物料的螺旋管。物料预热器是一个表面式换热器。

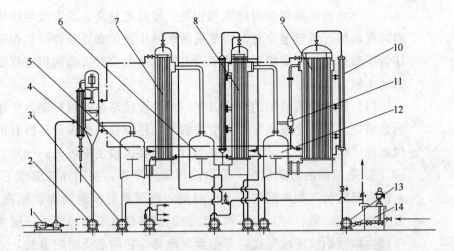

图 1-5 三效降膜真空浓缩设备

1—双级水环式真空泵；2—水泵；3—液料泵；4—冷凝器；

5—第三效分离器；6—第二效分离器；7—第三效蒸发器；

8—第二效蒸发器；9—第一效蒸发器；10—预热器；

11—热压泵；12—第一效分离器；13—液料

进料泵；14—液料平衡槽

杀菌器为一列管式换热器。工作时，物料流程是：被浓缩的料液经液料平衡槽14、液料进料泵13，通过物料预热器10，被第三效蒸发器7产生的二次蒸汽加热，然后依次经第一、二、三效蒸发器（9、8、7）内的螺旋管进一步被管外的蒸汽加热。利用蒸汽间接加热杀菌，并保温一定时间；随后相继通过第一、二、三效蒸发器、分离器，最后浓缩液从第三效分离器底部经出料泵抽出。各蒸发器和杀菌器中产生的冷凝水均由水泵排出。

1.2.6 杀菌

杀灭和抑制食品中微生物的主要方法有热、冷、辐射、盐渍、干燥、烟熏等。食品工业中，热杀菌是以杀灭微生物为主要目的的热处理形式，热杀菌分为湿热杀菌法和干热杀菌法。所谓湿热杀菌是利用热水和蒸气为加热介质，以换热器将热水或蒸气的热能传给食品，或将蒸气直接喷入待加热的食品。这是一种最常用的杀菌方法。干热杀菌是利用热风、红外线、微波等加热以达到杀菌目的。

加热杀菌的温度和时间密切相关，即温度越高，杀灭微生物所需时间越短。虽然温度和时间都是杀灭微生物的必要条件，但在破坏微生物作用上，同样有效的不同温度时间组合对食品的损害程度远远不同。

(1) 影响杀菌效果的主要因素　罐头食品杀菌既可控制微生物的繁殖，又可钝化或杀灭原料中的酶类，还能获得罐头食品特有的风味和形状。罐头食品杀菌效果与以下主要因素密不可分。

① 杀菌前的污染情况　杀菌前污染越严重，在同样的温度下，杀菌时间越长，如果同样的杀菌时间，则所需的杀菌温度就越高。微生物致死时间长短，除不同微生物间耐热性各有差异之外，通常与微生物原始浓度成正比，芽孢含量愈高，它的杀灭时间愈长，杀菌温度愈高。

② 细菌的耐热性　食品中的微生物是导致食品不耐储藏的主要原因。细菌、霉菌和酵母都可能引起食品的变质，细菌是引起食品腐败变质的主要微生物。腐败菌是罐头食品杀菌的对象，其耐热性与杀菌有直接关系，而微生物对热敏感性与其种类、数量及食品介质条件有关。微生物的种类很多，各种微生物之间的耐热性差异很大，即使同一菌种也因菌株不同而异，生长繁殖期的细菌的耐热性比它的芽孢弱。一般是嗜热菌芽孢耐热性最强，厌氧菌芽孢次之，需氧菌芽孢的耐热性最弱。同一菌种芽孢的耐热性也会因热处理前菌龄、培育条件、储存环境的不同而异。如热处理后残存芽孢，经培育繁殖后形成的新芽孢的耐热性就比原来芽孢的耐热性强。

食品成分如糖、蛋白质、脂肪等影响微生物的耐热性，热处理时的介质如酸、碱、盐、水分等环境条件对细菌的耐热性也有不同的影响，其中酸度的影响尤为突出。

罐头工业中酸性食品和低酸性食品的分界线以 pH4.6 为标准，罐头食品中最后平衡 pH 值高于 4.6 以上的为低酸性食品，如水产类、肉类、禽类及部分蔬菜罐头。pH 值在 4.6 以下的为酸性食品，如水果罐头、果汁及部分蔬菜罐头。为什么 pH4.6 为分界线呢？主要决定于肉毒杆菌的生长习性。肉毒杆菌有 A、B、C、D、E、F 六类，食品中常见的有 A、B、E 三种，其中 A、B 型芽孢的耐酸性比 E 型强，它们在适宜的条件下生长时会产生致命的外毒素，这种杆菌分布很广，主要分布在土壤中。罐头原料上很可能有此杆菌，这种杆菌在 pH 值低于 4.6 时生长受到抑制，它只有在 pH 值大于 4.6 的罐头食品中生长并有害于人体健康。因此，pH 值大于 4.6 的罐头杀菌时必须保证将它全部杀死。这样肉毒杆菌能生长的最低 pH 值成了两类食品的标准线。而酸性食品与高酸性食品曾以 pH4 作为分界线，因为 pH 值低于 4 的罐头食品中，热力杀菌后很少会有芽孢生长，但后来发现食品严重污染时，某些腐败菌如凝结芽孢杆菌在 pH 值 3.7 时仍能生长，因此 pH3.7 就成为这两类食品的分界线。按照酸度将罐头食品分为低酸性、中酸性、酸性和高酸性四类（表 1-3）。

表 1-3 罐头食品按照酸度的分类表

酸度级别	pH 值	食品种类	常见腐败菌	热力杀菌要求
低酸性	5.0 以上	虾类、蟹类、贝类、禽肉、牛肉、羊肉、青豆、芦笋等	嗜热菌、嗜温厌氧菌、嗜温兼性厌氧菌	高温杀菌，105～121℃
中酸性	4.5～5.0	蔬菜类混合制品、面条、沙司制品、无花果等		
酸性	3.7～4.6	番茄、番茄酱、苹果、桃、梨及其他果汁	耐酸芽孢菌和非耐酸芽孢菌	沸水或 100℃以下介质中杀菌
高酸性	3.7 以下	杏、葡萄、果酱、酸泡菜等	酵母、霉菌、酶	

(2) 杀菌方法

① 低温长时杀菌法 低温长时杀菌法也称巴氏杀菌。巴氏杀菌是一种较温和的热杀菌形式，巴氏杀菌的处理温度通常在 100℃以下，典型的巴氏杀菌的条件是 63.8～65.6℃/30min，达到同样的巴氏杀菌效果，可以有不同的温度、时间组合。巴氏杀菌可使食品中的酶失活，并破坏食品中热敏性的微生物和致病菌。巴氏杀菌的目的及其产品的储藏期主要取决于杀菌条件（如 pH 值）、食品成分和包装情况。对低酸性食品（pH＞4.6），其主要目的是杀灭致病菌，而对于酸性食品，还包括杀灭腐败菌和钝化酶。

② 高温短时杀菌法 高温短时杀菌法主要是指食品经 72～75℃/15～20s 或大于 80～85℃/5s，主要用于 pH＞4.5 的低酸性

食品的杀菌。

③ 超高温瞬时杀菌法（UHT） 连续式超高温杀菌条件是138～142℃/2～7s，保持式灭菌是二段工艺，第一段采用 UHT 杀菌，即 138～142℃/2～7s，第二段经 120℃/10～12min 杀菌。经超高温瞬时杀菌后采用无菌灌装。

番茄酱生产的杀菌采用的是管式二段杀菌，第一段将番茄酱迅速升温到 108℃，第二段 108～110℃/2～2.5min。对于 220kg 大桶装番茄酱的杀菌采用管式杀菌方式，番茄汁浓缩后进入杀菌套管中，先进入 108℃±2℃的加热管（图1-6）中加热 2～3min，再进入保温管中保温 2min，最后进入冷却段，2～3min 后，番茄酱被冷却至 30℃。

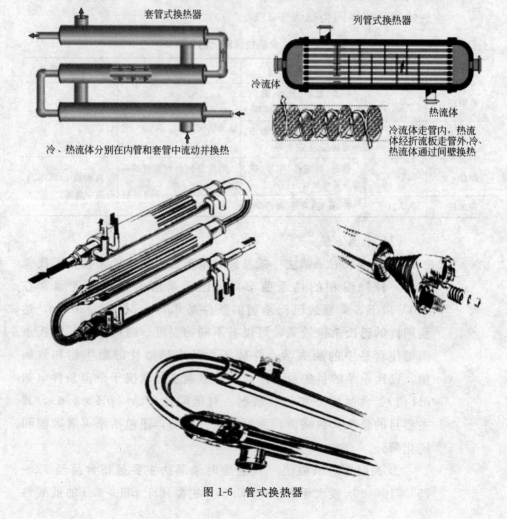

图 1-6 管式换热器

(3) 杀菌设备　番茄酱杀菌常采用管式杀菌设备。

管式超高温杀菌设备是以管壁为换热间壁的换热器，根据管的排列方式，常见的有列管式、套管式、蛇管式等类型。列管式有单程式和多程式之分，目前多采用多程式。套管式又分为单通道和多通道。套管式超高温杀菌设备的加热器是由两根以上直径不等的同心管组成，利用内外管间环形间隙进行热交换。管式换热器特别适用于高压流体。常用于果蔬原浆和果肉含量很高的混浊果蔬汁的杀菌。

① 套管式超高温杀菌设备　套管式超高温杀菌设备是由荷兰斯托克公司研制的，我国引进后首先由宁波食品设备总厂试制，其生产能力已达 4000L/h。套管式超高温杀菌设备的加热器是由两根不锈钢管组成的双套盘管，利用内外管间环形间隙进行热交换。

套管式超高温杀菌设备，物料通过供料泵进入双套盘管的外层通道，与内层通道已杀菌的高温物料热交换而预热，然后进入加热灭菌室由高温桶内蒸汽间接加热到 135℃，继而在桶外单旋盘管内保温 3～6s，进入双套盘管内层通道被进料冷却到出料温度（<65℃）。如工艺需要提高或再降低出料温度，可通过截止阀接通热源（蒸汽）或冷源（冰盐水等）进入附加的加长型双套盘管下端的外层通道，使内层物料进一步升温或降温。背压阀是可调的，一方面让物料维持在一定的压力之下，使其沸点温度提高防止汽化；另一方面也可用来调节物料流量。

当因突然停电停泵而蒸汽还存在时，为防止物料在高温桶内的旋管中过热结焦，需采用手动紧急措施：先关闭蒸汽阀并通过截止阀排尽高温桶内残汽，再打开冷水阀，当截止阀排出的水变冷后关闭截止阀。设备再通电时，原则上先打开截止阀，用蒸汽将桶内积水排尽，然后关闭截止阀。加热物料时的蒸汽冷凝水由疏水器排出。

② 列管式　列管式杀菌设备由加热列管、管板和壳体组成，根据流体在列管中的流动次数，列管式杀菌设备分为单程式和多程式。流程的选择原则为：加热介质为蒸汽时，蒸汽走壳程（列管和壳体），便于排放冷凝水；传热系数小的走管程，可以提高湍动程度，进而提高传热系数；压力大的走管程；具有腐蚀性的物料走

管程。

管子与管板的连接有两种方法，胀管法和焊接法。胀管法是管子塑性变形，管板弹性变形，使用于经常更换管子的场合；焊接法适用于不经常更换管子的场合。

1.2.7 灌装

1.2.7.1 按包装方式分类

番茄酱的包装方式主要有两种，一种为 220kg 大桶包装，另一种为 4.5kg、5.0kg 等规格铁罐包装。大桶酱的生产是先杀菌后进行无菌灌装，小罐酱采用的是热灌装方式，灌装温度为 93℃，保持 15min 后进入冷却段。

冷却后的番茄酱由无菌灌装机灌注于 220L 无菌铝箔袋中，外包装为钢桶。灌注前，袋口在密闭的无菌灌装室使用 110℃的蒸汽杀菌。无菌灌装机有两个充填头，充填头旁边有两个氯水喷雾头，喷出氯水汽雾对充填头杀菌，同时，每 8h 使用 250～500mg/kg 的氯水进行一次杀菌，每次杀菌时间为 25min，以此保证无菌灌装机的无菌状态。灌装好的大桶封口后进行称重，并将包含质量、生产日期、班次、厂家名称等信息的码单贴于桶口处，即可进行堆栈。

对于小罐装的番茄酱罐头来说，真空浓缩好的番茄酱立即装罐密封，密封时酱体的温度不能低于 85℃，以保证产品的真空度。

1.2.7.2 灌装的基本方法

灌装以定容法为主，定容法又有等压法和压差法之分。等压法即储料罐顶部空间压力和包装容器顶部空间压力相同，酱体靠自身重力流入包装容器内。储料罐和包装容器间有两条通道，一条是进料通道，另一条是排气通道。压差法是灌装时储料罐的压力大于容器内的压力，其灌装速度很快，适合于黏稠度高的物料灌装。一般通过空气压缩机提高储料罐压力或用真空泵使灌装容器压力降低来增加压力差。有的生产企业使用重量法，如大型 SIG 自动灌注机，该机装填能力为 9.24t/h，装填误差为±3%，使用效果良好。

1.2.7.3 灌装设备

(1) 清洗设备 灌装设备这里主要介绍铁罐灌装设备。空罐在制造、运输、储存过程中，罐内外往往被污染，必然有微生物或尘埃附着其上，当然会影响到容器的卫生要求，因此为了保证罐头食品的质量，在装罐前就必须对空罐进行清洗。

空罐清洗采用机械洗涤方法，空罐洗涤机的类型很多，这里介绍两种常用的效率较高的洗涤机，一种是旋转圆盘式洗涤机，一种是直线型链带式洗罐机。

① 旋转圆盘式洗涤机，空罐由高处沿着倾斜的槽进入第一个星形轮，空罐随星形轮转动，热水从各个喷嘴向罐内喷射进行清洗。当空罐转动大半圈时，遇挡板进入第二个星形轮跟随转动，罐头在这里被喷嘴送来的蒸汽喷射，最后罐头沿着滑道从洗罐机中滚出。这种洗罐机由连接杆固定在天花板上，所装位置应使进罐斜槽刚好与给罐流槽相连。其出罐斜槽应和装罐机或罐台相连，组成流水作业线。操作时罐头必须连续均匀的进入，而且空罐的底部应同在一个方向，罐必须对着喷嘴。这种洗罐机效果良好，因此一般洗罐时间只需 $10 \sim 12s$，可由星形轮转动快慢来调节。清洗时间短，转速就快一些，清洗时间长，转速就慢一些，可由变速装置来加以调节。

② 直线型链带式洗罐机，在一个长方形箱内，置有直线运动的链带，空罐在链带上罐底向上，箱子上部和下部装有热水喷射管，向罐内外喷射进行冲洗，这种洗罐机结构简单，容易制造，适合各种罐型。

旋转式洗罐机结构比较复杂、速度快，但不能适应各种大小罐型的清洗。企业多采用直线型链带式洗罐机。

(2) 酱体装料机 酱体装料机目前多采用活塞式进行定量，活塞式装料机根据活塞位置有立式与卧式之分。它可供浓缩番茄酱、杏酱、菠萝酱等装罐。

① 活塞式装料机的工作原理 该机由进出罐转盘、定量装罐、装料阀门、传动机构等组成。电动机通过 V 带、摩擦离合器带动

主轴转动，同时通过链轮齿轮及镰形凸轮带动定量活塞做水平往复运动，把酱液抽入活塞缸内。空罐进入连续旋转的进罐转盘后，沿轨道进入做间歇运动的装罐转盘，在装罐转盘上装有星形轮，使空罐能准确定位，出料阀由曲柄连杆机构与定量活塞往复动作互相配合进行开闭，把活塞缸内酱液装入空罐内，然后罐体沿轨道通过旋转的出罐转盘送出，进入下一工序。

② 定量结构 本机的定量部件是重要部件之一。它是一种立式活塞装料机，活塞安装在回转运动的酱体储桶底部，通过垂直往复运动，把酱体定量吸入，然后装进空罐中。

1.2.8 密封

罐头的密封主要靠封罐机来进行的，由于所用容器的不同，罐头密封的方法一般可分为铁罐密封、铝箔、塑料等复合薄膜密封方法。

1.2.8.1 技术要求

(1) 卷边外部的技术要求 卷边顶部一般应平滑，顶部内侧不得有缺口、起筋或轧裂；卷边下缘不得有被辊轮轧成双边、边唇（牙齿）、皱纹和被辊轮轧伤的痕迹等现象；卷边轮廓需卷曲适当，不得有被卷成半圆形。整个卷边的厚度、宽度应完全一致。

(2) 卷边内外部的技术要求

① 卷边的紧密度 卷边内部两种钩边的钩合紧密程度需凭经验判断：紧密的在揭开时，需用相当力气，如一拍即开，则是不够紧密。

② 迭接长度 二重卷边成型后，卷边内部底钩与身钩相互重叠的长度称为迭接长度。卷边内部底钩与身钩相互迭接的程度（用百分率来表示）称为迭接率。通常只需计算身缝部位的迭接长度，倘若其他的卷边尺寸不正常时，那么应该在整个卷边多个点进行计算。一个正确的卷边，它的迭接率应超过45％以上。迭接率低于这个数值的卷边，应视为是有疑问的卷边。

③ 罐身钩边和底盖钩边 罐身钩边和底盖钩边不得有严重的皱纹，从卷边断面上看，不得有明显的弯曲或弓形现象。

二重卷边缝线的主要作用有两方面：第一个作用就是保证罐头的密封性，使罐内食品能得到长期保藏；第二个作用就是增加罐头的刚性，使之不致变形。卷边的结构：卷边是由五层铁皮（包括橡胶垫料）压紧后形成的，在正常密封状况下，头道辊轮形成圆滑接缝卷边，与二道辊轮压紧后形成紧密的二重卷边，如经外形或解剖二重卷边结构检查，一定会符合表 1-4 所列技术要求。

表 1-4 卷边内外部技术要求

外 部		内 部	
卷边宽度（W）/mm	2.80～3.50	罐身身钩长度（BH）	1.8～2.2
卷边厚度（T）/mm	1.30～1.75	罐底（盖）钩长度（CH）	1.8～2.2
埋头深度（C）/mm	3.10～3.25	身钩空隙	以一张铁皮厚度为限
		盖钩空隙	不得超过 0.4mm
		顶部空隙	绝对不允许存在

注：卷边内外部规格所列数值，与使用铁皮厚度、罐型大小有密切关系，铁皮厚、罐型大者，则数值较大，反之则数值较小。

1.2.8.2 卷边的检查

在罐头密封过程中，应随时对罐头密封情况进行检查，或按时抽查以确定罐头密封的质量，一般 4h 做一次完全的卷封检查，每 10～15 次二重卷边的检查中，同时对头道卷边情况实施一次检查。二重卷边的检查：肉眼应观察卷边的全周，主要做三部位的检查，接缝处对应点，再以该点为基点，按夹角为 120°确定另外 2 点。

对罐头密封是否良好，可从两部分情况来进行判断。首先对卷边外形进行检查，凭肉眼观测只能了解一些大概，因此对卷边的检查是用特制的卡尺或罐头专用测微计来进行的。对卷边的外部检查，包括卷边宽度、卷边厚度及埋头深度三部分。如肉眼观察卷边表面平坦光滑，再以卡尺测量，如符合表 1-4 所列数值，则表明卷边基本正常。如果卷边外形隆起，或其厚度超过标准，则表明辊压过松，那么就可说明是封罐机调节不恰当。其次是对卷边内部进行解剖检查，由于卷边的某些微小变异，单从表面上是检查不出的，因此必须解剖卷边缝线进行检查。

① 罐身钩边和底盖钩边的规格及两种钩边相互钩合的紧密度。

② 卷边顶部空隙、身钩空隙、盖钩空隙和两种钩边的迭接

长度。

③ 罐身钩边和底盖钩边上的皱纹阔度。

④ 焊接身缝的检查。

要对卷边结构进行如上检查，就必须将卷边锉切进行解剖。方法是将检查的罐头，用细扁锉锉一Ｖ形缺口，将卷边割断，然后以 45°角斜靠卷边顶部外侧，沿着Ｖ形缺口将卷边顶部锉开。在用锉刀锉时，不要使罐身震动，以免锉面不光滑和导致卷边结构的改变。切锉时要保持锉角成 45°，缺口深至卷边之下即可，缺口外形为一直角，缺口锉好后，由于切面很小，肉眼不易看清其断面构造，要用放大镜观察。在缺口断面上下两端，各有一个黑点，称为针眼。如果密封良好（封罐机头调节适当），则上下针眼只呈现两个小黑点。上部针眼就是盖钩空隙，下部针眼就是身钩空隙。如果针眼是一明显小孔时，则表明密封不紧密，针眼表示内部空隙情况，严格要求盖钩空隙不得超过 0.4mm；身钩空隙不得超过 0.3mm（约为一张铁皮的厚度），这样就可以承受 2kg 以上的内压。两个空隙在封好的罐头卷边中是绝对不容许存在的。

为了仔细检查身钩与盖钩结构是否符合要求，再进一步用锉刀沿着Ｖ形缺口，将锉刀面平置在卷边顶边，与之平行均匀地用力锉磨。锉开长度大约为四分之一圆周，将卷边顶边的最外一层铁皮锉透，但应勿将罐身钩边上部铁皮锉伤。锉好后以锉刀的侧面对准锉开的卷边边沿最外层铁皮断面上，用力向下拍击，注意用力大小，来判断钩边的紧密度，如一拍即行脱开者，即为卷得较松的现象，反之就需较大的力量。盖钩脱离卷边后，再将其向上翻转，然后用特制卡尺分别在罐身钩边和底盖钩边的外缘上测量其宽度是否合乎表 1-4 所示标准。

皱纹的检查，卷边解剖后，可以看见盖钩及身钩的表面，有的平坦光滑，有的则有皱纹，而皱纹的大小深浅程度不一。根据这些皱纹不同的程度，就可以了解罐头密封的情况。测定皱纹程度的方法，通常是根据皱纹在盖钩或身钩表面上所占宽度分成等级，再按这个等级来测定。皱纹的测定，有将皱纹的宽度分成 10 级的，其中 0 级没有皱纹，有皱纹的部分按大小分为 10 级，级数减少，级限较大，但作为测定皱纹宽度已足够说明密封情况。一般采用皱度标准都为四级制，如皱纹已达三级，其深度已超过钩边的三分之二以上。这种现象表明卷边肯定松离，产生漏泄是不可避免的。

二重卷边密封的检查是十分重要的，而且要进行解剖分析。因为封罐机速度很快，万一疏忽就会造成罐头因漏隙而产生大量废次品。特别是钩边过分起皱的皱纹，是造成卷边不合格和在储放期中产生慢性漏泄的主要因素。在罐头生产中由于"松听"不能出厂外销，造成很大损失，因此必须引起重视，千万不可粗枝大叶。

1.2.8.3 罐头密封常见的缺陷及其防止措施

罐头卷边结构不合规格的原因很多，只要其中的任何一个因素不符合卷边条件的要求，不论是属于机械的条件还者是操作的因素，都会造成卷边的缺陷。为什么会造成卷边过宽、卷边松弛、盖钩过短、身钩过宽、盖钩过宽、身钩过短、埋头深度过深或过浅、舌头、牙齿等这些缺陷呢？其产生原因分述如下。

(1) 卷边过宽 造成原因一般是由于头道辊轮滚压不足，二道辊轮滚压过紧，二道辊轮磨损，钩槽太宽，托底盘压力过大或者是压头与托底盘的间距过小，这样就造成盖头钩边得不到要求长度，致使整个卷边伸长。针对造成缺陷原因进行分析，检查封罐机头，进行调整。如辊轮钩槽磨损，则应调换新的符合规格的辊轮，以改正以上缺陷。

(2) 卷边过窄 原因是头道辊轮滚压过紧，二道辊轮滚压不足，二道辊轮钩槽过窄，托底盘压力过小。

由于以上原因，往往使罐盖顶部内侧边缘上产生锋利边沿（快口）或卷边松弛，钩边带有皱纹。针对以上情况，适当调节封罐机头或调换二道辊轮。

(3) 卷边松弛 卷边松弛，必然呈现出卷边过厚，主要原因是由于辊轮与压头间距过大，二道辊轮滚压不足，或由于罐盖缺陷，盖钩钩边前端弯曲过甚，阻碍了身钩的正常卷封；也有可能是由于头道辊轮卷曲过度，钩槽磨损所致。

(4) 卷边不均匀 顾名思义就是在卷边周围，这里松，那里紧，这里宽，那里窄，换句话说，就是卷边松紧不一。主要原因是辊轮磨损，辊轮上下摆动，压头不呈水平，内部螺纹磨损，头道辊轮与二道辊轮滚压过度所致。针对产生原因，通过调整封罐机压头或调换磨损辊轮等来加以改进。

(5) 盖钩过长 造成原因是头道辊轮滚压过度，压头较薄和罐盖凹度太浅所致。盖钩过长，往往使卷边顶部内侧边缘上产生快口。

(6) 盖钩较短 身、盖钩的长短均有一定标准。在密封中如果头道辊轮液压不足，钩槽太窄，罐盖埋头深度深或盖径小，均能造成盖钩过短现象。盖钩过短，可能使卷边上产生边唇。

(7) 罐身钩边过短 引起原因是托底盘压力过小，辊轮和压头间的距离过大，这样就会造成罐头较高，罐身钩边等比缩短，卷边顶部被滚成圆形。分析以上原因，通过调整托底盘和辊轮压头间的距离加以解决。

(8) 罐身钩边过长 引起原因是托底盘压力太大或是压头装得过低，头道辊轮与压头间距离太小。由于以上因素，常常产生罐身钩边过长的现象，可能形成边唇。

(9) 埋头深度过深 埋头是指罐头从封口线顶部到罐头底盖一段距离的长短。在密封后的长度有一定的要求，一般其长度在 3.10～3.25mm 之间。埋头深度过深，就是说长度超过 3.25mm。造成埋头深度深的原因，概括说来如下：压头太厚，托底盘压力不足，或托底盘弹簧失灵；压头与托底盘不平行；辊轮与压头间距过大等。如果埋头深度过深也就伴随着产生盖头钩边过短的现象，因为埋头深度加深部分额外耗用的铁皮一定是从盖头钩边上移滚过去的。此外，有时托底盘的衬垫和压头不完全平行，则会形成一部分埋头深度较深的现象。

(10) 埋头深度过浅 埋头深度深了，实质上是盖钩过短，反之埋头深度浅了，就是盖头钩边过长的表示。那就会形成卷边较宽，或者产生快口。产成原因是压头磨损过大，压头较薄，辊轮与压头间距过小。在一般情况下是不太可能产生埋头深度过浅。

(11) 快口 快口是指卷边顶部内侧边缘上被轧成锐利的锋口，用手指摸上去有如刀锋割手之感。快口部位的铁皮，有时可能完全被割裂而发生漏气。产成的原因是：压头磨损变薄或低于辊轮；辊轮磨损或与压头间距不当；头道辊轮与二道辊轮滚压太紧；托底盘压力过大，压头与主轴不正；接缝处堆锡过多。快口，在罐身缝附近特别明显。如在密封过程中，发生卷边上有锐利锋口，应分析产生原因，立即调整封罐设备或调换封罐机头的有关配件。

(12) 牙齿 即在罐头封口线下沿，呈不规则的齿形，也叫边唇。就是在卷边滚压过程中，盖头钩边的某一点或若干点没有完全嵌入罐身钩边之内，就会产生牙齿。它们会在卷边的底部形成大小不等的犬齿状突出。倘若用细锯在卷边产生牙齿的部位上锯一个断面，在断面上可以看到盖头钩边上带有大小不等的 V 形缺口，如果是大的边唇，则罐盖钩边上没有 V 形缺口，而是与罐身钩边相互间微有或没有衔接的现象。

牙齿产生的原因归纳如下：托底盘的压力太大；头道辊轮钩槽磨损或是滚压不足；罐盖圆边不平或有皱纹及折损；涂锡薄板质地粗糙或有堆锡；接缝处焊锡过多；装罐量过多和罐边上夹有物质等所致。

(13) 卡腰 有些罐头封口后，罐身靠近卷边下缘处局部收缩；这种缺陷一般称"卡腰"。主要是：头道辊轮滚压过紧，身大盖小；压头过小等原因造成。

(14) 封罐时罐头会打滑的原因 "打滑"近似转罐，指罐头在封罐过程中发生滑动，这样往往造成罐头卷边部分过厚并且很松。产生原因是：托底板压力过小，辊轮滚压过度，压头磨损，托底板与压头有油污所致。

1.2.8.4 封罐设备

封罐机的种类繁多，但其构造都有四个主要共同部件，即头道辊轮；二道辊轮；托底板；压头（顶板）。上述四个主要部分配合起来，就在封罐机上组成一个封罐机头。封罐设备有单封头、双封头、四封头或六封头以上的全自动封罐机。封头愈多则生产能力也就愈高。如 GT4B1 封罐机，系单封头，两辊轮式全自动封罐设备。该机由封罐机头、送盖、输罐、托罐、四瓣星轮等部分所组成，并具有输罐与送盖的联锁，达到无罐不送盖、无盖停车等保护机构。生产能力 40～45 罐/min，适用于罐径 75～110mm，罐高 50～124mm 的圆罐。质量稳定，操作容易。

　　GT4B2 型真空自动封罐机是具有两对卷边滚轮单头全自动真空封罐机,对各种圆形罐进行真空封罐,见图 1-7。该机主要由送罐 1、配罐 2、卷边机头 4、卸罐 6、电气控制 5 等部分组成。

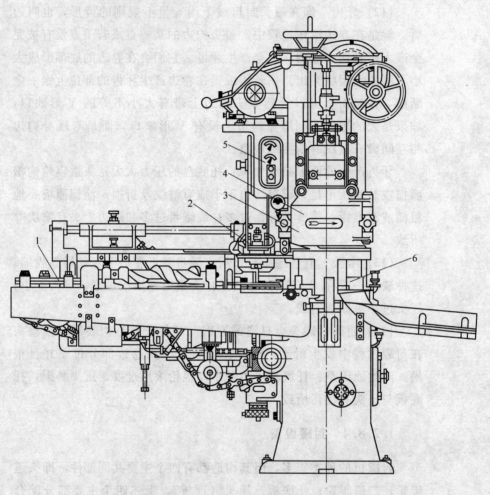

图 1-7　GT4B2 型真空自动封罐机外形简图

1—送罐；2—配罐；3—封罐机头；4—卷边机头；5—电气控制；6—卸罐

　　目前企业多用 SIG 先进的高速封罐机,能封各种大小型号罐头。系单机头,四辊轮式全自动封罐设备。该机由封罐机头、送盖、输罐、托罐、四瓣星轮等部分所组成,并具有输罐与送盖的联锁,达到无罐不送盖、无盖停车等保护机构。进入机头卷封的罐与盖为螺旋偏心轮机构,通过联轴驱动六叉转盘作连续运送。封罐能力可高达 800 罐/min，适用于罐径 5～15mm，罐高达 39～240mm 的罐头容器。该机具有直线链带式进罐装置；自动分盖进盖、无罐不进盖的自动装置；自动打代号装置；并且可以简而易行调换各种模具配件。

封罐机的调节及其密封的原理：不论何种类型的封罐机，要封口紧密，首先要对封罐机进行准确的调节，换句话说就是要使封罐机头的四部分准确配合。封罐机的调节一般可按下列步骤进行。

① 压头的调节　根据罐型直径大小，首先是更换机头上相互适应的压头。调节时可先将压头固定在压头轴上，然后用手回转压头轴，仔细观察辊轮靠近压头时，压头边缘上部与辊轮边缘下部整个圆周距离有无变更，进而调节压头的水平位置及其与辊轮的垂直位置。

② 托底板的调节　先把辊轮自靠近压头处推开，并将已加底、盖的罐身放于托底板上，然后调节托底板与压头的距离至能正确将罐身夹住为止，做到罐身在转动过程中能被夹住而不动摇，用手推拉或转动而无滑动现象为度。

③ 辊轮的调节　根据使用铁皮的厚薄、罐型直径的大小，来调节辊轮与压头的水平面及垂直位置，一般压头边缘辊轮沟槽面的最小距离为：头道辊轮沟槽曲线面与压头距离约 1.6mm，二道辊轮沟槽曲线面与压头距离约为 0.8mm。调节好后就可以进行试封，初步检视卷边是否符合规格要求和技术条件。如视检合乎要求，然后开启马达以动力拖曳封罐机头进行试封，再视检密封好的罐头，并进行卷边解剖。首先检查缝线整个外部情况，如埋头深度是否符合要求、卷边宽度是否合乎标准，然后进行卷边内部技术规格检查，如身钩宽度、盖钩宽度、卷边紧密度等是否合乎要求，如属正常，才能投产。在封罐过程中，需经常注意机械的运转是否正常，经过一段时间运转后，应该按时抽查样品，凭肉眼及特制卡尺观察和测定来判断卷边是否符合规格，以防止因机械某一部分在运转过程中的松动而造成质量事故。

不论何种类型封罐机，在进行滚压卷封作业时，其封罐机头必须完成两种运动：一种是封罐辊轮相对罐盖作周向运动，另一种是封罐辊轮向罐盖中心作径向运动（简称为径向进给）。封罐机实现封罐辊轮相对于罐盖作周向运动的方法有两种：罐盖和罐身固定不动，封罐辊轮沿着罐盖作周向运动，实罐封罐大都用此种方法；罐盖和罐身作旋转运动，封罐辊轮不作周向运动，因罐身转动后，罐内容物易甩出，故这种封盖方法都只用于空罐封底。罐头密封，主要是通过封罐机把罐盖与罐身翻边构成紧密卷曲接缝，一般叫做卷边，在罐头密封过程中称为二重卷边。二重卷边就是指卷边的厚度、宽度、盖钩宽度、盖洼的深度，都有一定的要求。如果封好后的罐头，卷边没有达到一定的技术要求，就说明封罐机不正常。如果制成的卷边完全达到技术规格，说明封罐机是在正常状态下运转，就是说封罐机与机头部分调节得很恰当，那么卷边就能达到技术要求。

1.3 质量控制

番茄酱生产流程质量控制见表 1-5。

表 1-5 番茄酱生产流程质量控制

生产工艺	影响质量的关键控制点	质量因素	责任人
原料订购	合同、种子、土质、水质、运输、交售中样品等级与质量	农残 重金属 放射性 转基因 亚硝酸盐 水质报告	原料部(科)
原料种植	落实种植面积 技术指导对合同内容进行监控	农残 重金属 放射性 转基因 亚硝酸盐 水质报告	原料员
原料收购	采摘质量,采摘到交售时间 原料固形物含量 采摘前对灌溉的要求	霉菌 色差 固形物含量	原料质检员
卸料储料	不允许存在编织带 储料时间不大于 24h 储料水质及所加氯水浓度 储料池洁净度 储料池清洗频次 分水系统	霉菌 感观	车间前处理工

生产工艺	影响质量的关键控制点	质量因素	责任人
输送	输送水（水质、分流次数） 挂草钩的及时清理 沉淀池的及时清理	霉菌 异物	车间前处理工
放料提升	是否均匀、连续（保持液位平衡）	感观 色差 浓度	值班长 前处理工
拣选	个人卫生 环境卫生 不合格番茄拣选 异物的拣选 喷淋水的水质以及水的压力	霉菌 异物	值班长 前处理工
预热 破碎 精制	预热温度 筛网与转子之间的间隙 设备清洗程度及频次 原料在设备中的停留时间	霉菌 感观 黏度	值班长 前处理工
预蒸发	预热温度 预热器真空度 是否均衡供料 浓度仪的准确度 蒸发罐的液位 停留时间 清洗效果 设备清洗频次	感观 色差 浓度 霉菌	值班长 蒸发工
杀菌	杀菌时间 杀菌温度 蒸汽的品质（含湿率） 清洗效果 均衡供料 注塞泵的转速 无菌屏蔽 热保持罐液位 热保持罐中的保温时间 分离器的分离效果	感观 色差 浓度 微生物	值班长 杀菌工
灌装	灌装头杀菌温度及仪表 无菌屏蔽 称重系统 灌装头的调试	微生物 质量	值班长 灌装工
贴标	内容的准确性 贴标的标准（位置）及准确性 标签的字体是否清晰 禁止贴二重标 胶的黏性	外包装质量	值班长 贴标工

生产工艺	影响质量的关键控制点	质量因素	责任人
打包	打包带的位置 打包带的松紧程度	外包装质量	值班长
入库	统计的数量 产品的正确标识		成品保管
发运	发运前对质量的最后一次检验,对数量出库统计、装运、运输		储运部 质检科 成品保管
销售报检	换证凭单、各种单据		质检科

项目二 番茄汁的生产

2.1 工艺流程

番茄汁生产工艺流程如下。

原料→清洗→选果→预热→打浆→配料→脱气→均质→灌装→杀菌→冷却→成品

2.2 操作要点

2.2.1 制汁

制汁即从选料到打浆的过程，从选料到打浆同项目一番茄酱生产的要求。

2.2.2 配料

将番茄原汁 100kg，砂糖 0.7～0.9kg，精盐 0.4kg，混合均匀。

2.2.3 脱气、均质

（1）技术要点　将番茄汁喷入真空脱气机，脱气 3～5min，然后用高压均质机在 100～150kg/cm² 压力下均质。经脱气后的果汁，不能再进入空气，因此必须用密封泵，向罐送料时要从罐底进，而不是从罐顶进。番茄汁的脱气条件见表 2-1。

表 2-1 番茄汁的脱气条件

产品温度/℃	35	45	55	60	65	70	75	80
真空度/MPa	0.096	0.092	0.085	0.081	0.075	0.069	0.061	0.053

（2）设备 均质常用高压均质机。

① 均质的目的 均质的目的在于将液态的混合物料中较大的颗粒破碎细化，提高食品的均细度，防止或延缓物料分层，使其成为液相均匀、稳定的混合物。均质后的食品在口感、外观及消化吸收率等方面均有提高。

② 均质机工作原理

a. 剪切：在液体物料高速流动时，若突然遇到狭窄的缝隙，就会造成极大的速度梯度，从而产生很大的剪切力，使物料破碎。

b. 冲击：在均质机内，液体物料与均质阀产生高速撞击作用，从而将脂肪球等撞击成细小的微粒。

c. 空穴：液体在高速流经均质阀缝隙处时，产生巨大的压力降。当压力降低到液体的饱和蒸气压时，液体开始沸腾并迅速汽化，产生大量气泡。液体离开均质阀时，压力又会增加，使气泡突然破灭，瞬间产生大量空穴。空穴会释放大量的能量，产生高频振动，使颗粒破碎。

均质机在工作时一般是通过这三种作用协同达到均质目的的。不同类型的均质机工作原理各有侧重。

③ 温度对均质的影响 均质温度对均质效果影响很大，物料均质时温度高，液体的饱和蒸气压也高，均质时容易形成空穴。所以，在均质前可将物料加热。

④ 结构及工作过程 高压均质机主要由高压泵、均质阀、调节装置及传动系统等组成，见图 2-1。

a. 高压泵：高压泵由进料腔、吸入活门、排出活门、柱塞等组成。当柱塞向右运动时，泵腔内产生低压，物料由于外压的作用顶开吸入活门进入泵腔，这一过程称为吸料过程；当柱塞向左运动时，泵腔容积减小，泵腔内压力逐渐升高，关闭了吸入活门，将泵腔内液体排出，称为排料过程。

高压泵柱塞的运动是由曲轴等速旋转通过连杆滑块带动的，柱

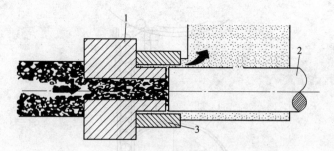

图 2-1　均质阀基本结构和均质过程示意图
1—阀座；2—阀杆；3—冲击环

塞的运动速率按正弦曲线变化。相对应地排料量也按正弦曲线变化。在柱塞处于两个止点时，泵的排出量瞬时为零；当曲柄回转到 90°和 270°时排料量最大。显然，这样的设备排料量变化大、不均匀，是无法用于生产的。为弥补这一缺陷，高压泵常采用三柱塞往复泵，各单泵的运动互差 120°，泵的工作能力得到了较好的调整。三柱塞泵有三个泵腔，每个泵腔配有吸入活门和排出活门各一个，共六个活门。

b. 均质阀：均质阀安装在高压泵的排料口处，一般采用双级均质阀，双级均质阀主要由阀座、阀芯、弹簧、调节手柄等组成。阀座和阀芯结构精度很高，两者之间间隙小而均匀，以保证均质质量；间隙大小通过调节手柄调节弹簧对阀芯的压力进行改变。均质压力的大小由压力表示出。一般第一级的压力为 20～25MPa，主要使大的颗粒得到破碎；第二级的压力在 3.5MPa 左右，可以使料液进一步细化并均匀分散。

2.2.4　杀菌、装罐、冷却

(1) 技术要求　番茄汁杀菌多采用管式杀菌，在 118～122℃条件下，维持 40～60s，然后冷却至 90～95℃，装罐、密封，罐中心温度应在 70℃左右。放置 10～20min 使之完全杀菌，然后再加氯水中冷却到 35℃以下，最后打上生产日期，贴标。

(2) 设备　番茄汁的灌装采用自动灌装机，灌装机主要由瓶、罐输送和升降机构、灌装阀机构及其他附属机构组成。

① 瓶、罐输送和升降机构　在灌装前要准确地将空瓶或空罐

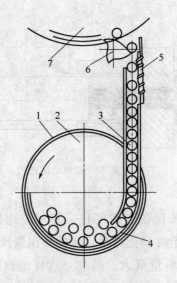

图 2-2 圆盘输送机构

1—挡板；2—圆盘；3—空瓶；4—弧形导板；

5—螺旋分隔器；6—爪式拨；7—工作台

输送到自动灌装机的瓶托升降机构上，使瓶或罐自动、连续、准确和单个地保持适当间距送进灌装机构，常采用爪式拨轮或螺旋输送器等。瓶、罐圆盘输送机构，链板、拨轮输送机构分别如图 2-2、图 2-3 所示。常用的瓶、罐升降机构可分为滑道式、压缩空气式及滑道和压缩空气混合式三种。

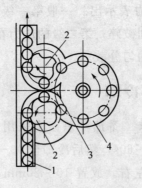

图 2-3 链板、拨轮输送机构

1—链板式输送机；2—四爪拨轮；3—定位板；4—装料机构

② 灌装阀机构 灌装阀机构是灌装机的关键部分，直接影响灌装机的性能，其主要功能是把储液罐内的料液定量地灌入瓶、罐

中，见图 2-4。常见的有两种。

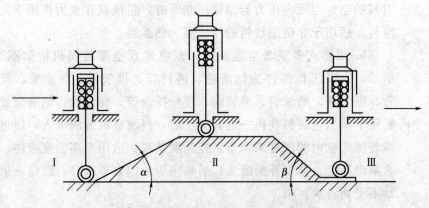

图 2-4　旋转型装料机滑道展开示意图

Ⅰ—罐送入滑道；Ⅱ—罐升到最高位置进行装料；

Ⅲ—灌装后下降到最低位置待送走

a. 重力式真空灌装阀机构：如图 2-5 所示，主要工作部件为储液箱、浮子液位控制器、真空管、进液管、立柱、液阀、气阀等。操作时，真空泵维持储液罐上部空间的真空度，浮子液位控制

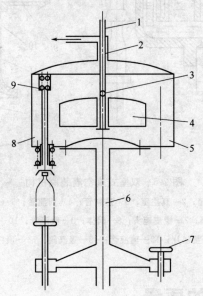

图 2-5　重力式真空灌装阀

1—进液管；2—真空管；3—进液孔；4—浮子液位控制器；

5—储液箱；6—立柱；7—托瓶台；8—液阀；9—气阀

器保护储罐内料液液面高度恒定不变。当瓶、罐进入灌装阀后，先对其抽空，当瓶内压力与储罐压相等时，料液就在重力作用下完成灌装。适用于非碳酸饮料的冷、温、热灌装。

　　b.压差式多室真空灌装阀：双室式真空灌装阀机构如图2-6所示，主要工作部件为储液箱、进料管、排气管、回流管、吸液管、吸气管、输液管、灌装阀、顶杆托盘等。操作时，储液罐处于常压下，当包装器获得一定真空度后，料液被灌装阀吸入，通过输液管插入瓶内的深度来调节、控制灌装量。适用于高黏度液体，如含果肉果汁、糖浆等的灌装。灌装完毕后应立即封口，以保证果蔬汁不受到再次污染。

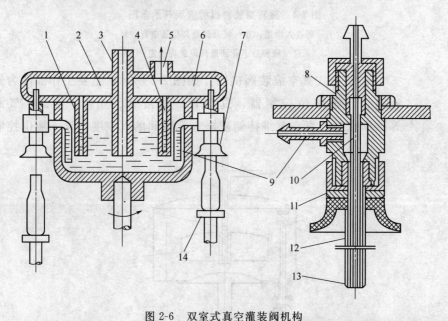

图 2-6　双室式真空灌装阀机构

1—储液箱；2—真空室；3—进料管；4—回流管；5—排气管；
6—灌装阀；7—橡皮碗头；8—阀体；9—吸液管；10—吸气管；
11—调整垫片；12—输液管；13—吸气阀；14—顶杆托盘

2.3　番茄汁的质量

　　(1) 番茄汁的沉淀问题　番茄汁中有四种沉淀现象。

① 主要由果肉细碎粒引起的沉淀，在显微镜下观察到少量的沉淀，风味通常是正常的。

② 罐头生产后在仓库存放 5～7 日后，发现许多灰白色沉淀，其形成过程：先在番茄汁中出现灰白色夹杂物，后逐渐沉降到罐底，继续 3 周后，番茄汁变清，色泽鲜明，沉淀逐渐呈灰白色粉状聚集在罐底，味道迅速变酸。

③ 在生产后经过 1～2 个月，甚至更长一段时间才出现少量灰白色沉淀，酸度变化不大，在显微镜下也发现沉淀中有很多微生物。

④ 番茄汁产生淡黄色沉淀，并逐渐产生像用不新鲜原料所加工的味道，在显微镜下发现沉淀中有各种微生物，主要是各种球菌。

细菌性沉淀主要是由于原料污染率高，停工和生产间歇期间卫生条件不合要求等引起，它主要是成品中存在耐热性微生物所致。平酸菌引起的沉淀并不胀罐，但番茄汁的化学组成、外观色泽和风味等都已产生了变化，并随着灰白色沉淀的出现而不能食用。加强生产中的卫生管理，控制番茄汁的 pH 值在 4.3 以下，装罐前高温瞬时杀菌等，是防止细菌性沉淀的主要措施。

(2) 产品质量要求

① 原料采用新鲜、适于加工的红熟番茄。

② 番茄汁感官指标应符合表 2-2 规定。

表 2-2　番茄汁感官指标

指标名称	指　　标
色泽	汁液呈红色、橙红色或橙黄色
滋味及气味	具有新鲜番茄汁应有的纯正滋味，无异味
组织及形态	汁液均匀混浊，允许有少量的微小番茄肉悬浮在汁液中，静置后允许有轻度分层，浓淡适中，但经摇动后，应保持原有的均匀混浊状态，汁液黏稠适度，其他杂质不得检出

③ 理化指标应符合表 2-3 规定。

表 2-3　番茄汁理化指标

指标名称	指　　标
总糖/(g/100ml)	≥5(以葡萄糖计)
总酸/(g/100ml)	≤0.5(以柠檬酸计)
番茄红素/(mg/100g)	≥6
氯化钠/%	0.3～1.0

④ 卫生指标应符合表 2-4 规定。

表 2-4 番茄汁卫生指标

指标名称	指　标
细菌总数/(个/ml)	≤100
大肠菌群/(个/100ml)	≤5
致病菌(肠道致病菌及致病性球菌)	不得检出
砷(As)/(mg/kg)	≤0.5
铜(Cu)/(mg/kg)	≤3
锡(Sn)/(mg/kg)	≤100
铅(Pb)/(mg/kg)	不得检出

项目三　整番茄罐头生产

3.1　工艺流程

整番茄罐头工艺流程如下。

原料验收→清洗→选果→去皮→硬化处理→分选装罐→排气密封→杀菌冷却→揩罐入库

3.2　操作要点

3.2.1　原料

番茄应新鲜饱满、色红、果形正、风味好、组织较硬，果实最大直径小于50mm。适用的品种有穗圆、奇果、扬州红等。

3.2.2　清洗、选果

清洗、选果的要求同项目一番茄酱生产的要求。

3.2.3　去皮

番茄去皮的方法有三种。

(1) 热烫去皮　用沸水热烫（95～100℃，10～30s）或用热烫去皮机（蒸汽压力29.4～58.8kPa）热烫，然后立即用冷水浸冷或喷淋冷却使之去皮。

(2) 真空去皮　番茄先在96℃热水中加热20～40s，使果皮于靠近果面的皮下层分离。再将番茄送入真空度为80～93.3kPa的真空室进行适度处理使果皮破裂，最后经温和的机械操作而去除表皮。这一方法具有去皮效率高（可达 98%）、压力利用率高、产品质量好、能量消耗低的特点。

（3）红外线去皮　将番茄暴露于 150～180℃ 高温下受热 4～20s，再用冷水喷淋或摩擦去除外皮，番茄在高温下表皮细胞受热，细胞内所含水分汽化，果皮开裂而脱离果肉。

3.2.4　硬化处理

用 0.5% 氯化钙溶液浸泡 10min，使组织适度硬化，再以流动水洗果。也可采用在汤汁中加入适量氯化钙来达到使果实硬化的目的。

3.2.5　配汤装罐

配汤如表 3-1。装罐量如表 3-2。

表 3-1　整番茄汤汁配比

品种	精盐量/kg	砂糖量/kg	番茄原浆(5%～7%)/kg	氯化钙/g	清水量/kg
原汁整番茄	1.4	2.0	96.5	100	5.6(用于溶盐)
清水整番茄	5	4	—	100	220

表 3-2　整番茄的装罐量

品种	罐型	净质量/g	番茄/g	汤汁/g
原汁整番茄	7114	425	250～255	170～175
	9124	850	500	350
清水整番茄	玻璃罐	510	300	210

3.2.6　排气密封

热排气，罐中心温度 75℃ 以上；抽气密封，真空度 40～46.7kPa。

3.2.7　杀菌冷却

（1）技术要求　杀菌条件见表 3-3。

表 3-3 整番茄罐头的杀菌条件

罐型	净质量	杀菌式	冷却
7114	425	10～30min/100℃	15～20min
9124	850	10～35min/100℃	15～20min
玻璃罐	510	10～30min/100℃	分段冷却

(2) 杀菌设备 常用的杀菌设备有卧式杀菌锅和立式杀菌锅。

① 立式杀菌锅 可用作常压或加压杀菌，在品种多、批量小时很实用，目前中小型罐头厂还比较普遍使用。但其操作是间歇性的，在连续化生产线中不适用。因此，它和卧式杀菌锅一样，从机械化、自动化来看，不是发展方向。与立式杀菌锅配套的设备有杀菌篮、电动葫芦、空气压缩机及检测仪表等。

图 3-1 所示的为有两个杀菌篮的立式杀菌锅。圆筒状的锅体 1 用厚 6～7mm 的钢板成形后焊接而成，锅底 8 和锅盖 4 成圆球形，盖子铰接于锅体后部边缘，在盖的周边均匀地分布着 6～8 个槽孔，

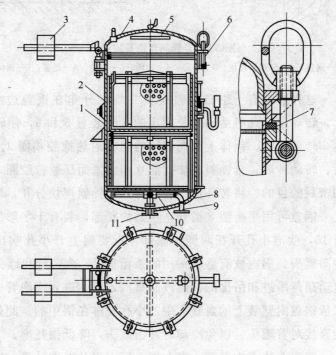

图 3-1 立式杀菌锅

1—锅体；2—杀菌篮；3—平衡锤；4—锅盖；5—盘管；6—蝶形螺栓；
7—密封垫片；8—锅底；9—蒸汽入口；10—蒸汽吹泡管；11—排水管

锅体的上周边铰接有与该槽相对称的蝶形螺栓 6，以密封锅盖和锅体。锅体口的边缘凹槽内嵌有密封垫片 7，保证锅盖和锅体密封良好。为了减少热量损失，最好在锅体的外表面包上 80mm 厚的石棉层。

除用以上方法锁紧锅盖与锅体外，还广泛采用一种叫自锁斜楔锁紧装置，这种装置密封性能好，操作省力省时。如图 3-2。

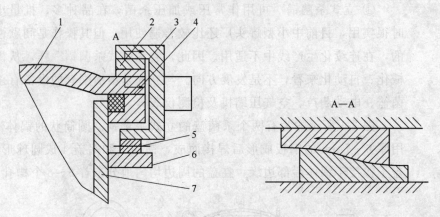

图 3-2　自锁斜楔锁紧装置

1—锅盖；2—自锁斜楔块；3—转环；4—垫圈；5—滚轮；6—托板；7—锅体

这种装置有十组自锁斜楔块 2 均匀分布在锅盖边缘与转环 3 上，转环配有几组活动式及固定的滚轮装置 5 和 6，使转环可沿锅体 7 转动自如。锅体上部周围凹槽内有耐热橡胶垫圈 4。锅盖关闭后，转动转环，自锁斜楔块就能互相咬紧而压紧橡胶圈，达到锁紧和密封的目的。将转环反向转动时，自锁斜楔块分开，即可开盖。

锅盖可用平衡锤 3 揭开，在锅的底部，装有十字形的蒸汽吹泡管 10，吹泡小孔开在两侧和底部，不要朝上开小孔吹出蒸汽直接冲向罐头。锅内放有盛罐头用的杀菌篮 2，杀菌篮和罐头是一起用电动葫芦吊进和吊出的。蒸汽从蒸汽入口 9 进入吹泡管中，冷却时水从锅盖内壁装上的盘管 5 中的小孔喷淋在锅中的。此处小孔也不能直接对着罐头，以免冷却时冲击罐头，降低损耗率。

锅盖上装有吹气阀、安全阀、压力表及温度计等，锅体最底部安装有排水管 11。

②卧式杀菌锅　其容量一般比立式的大，同时可不必用电动

葫芦。但一般不适用于常压杀菌，只能作高压杀菌用，因此多用于生产蔬菜和肉类罐头为主的大中型罐头厂，见图 3-3、图 3-4。

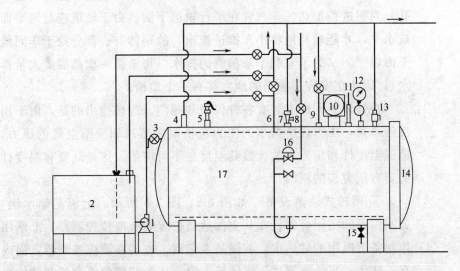

图 3-3 卧式杀菌锅装置图

1—水泵；2—水箱；3—溢流管；4,7,13—放空气管；5—安全阀；

6—进水管；8—进气管；9—进压缩空气管；10—温度记录仪；

11—温度计；12—压力表；14—锅门；15—排水管；16—薄膜阀门；17—锅体

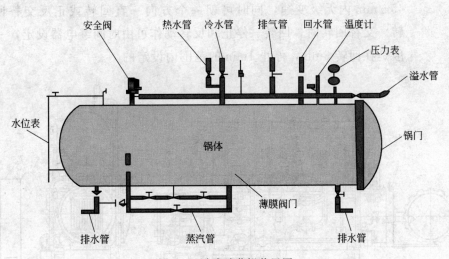

图 3-4 卧式杀菌锅装置图

它是一个平卧的圆柱形筒体，筒体的前部有一个绞接着的锅盖，末端则焊接了椭圆封头，锅盖与锅体的闭合方式与立式杀菌锅相同。锅体内的底部装有两根平行的轨道，供盛罐头用的杀菌车推进推出之用。蒸汽从底部进入到锅内的两根平行轨道（上有吹泡小孔）对锅进行加热。蒸汽管在平行轨道下面。由于轨道应与地平面成水平，才能顺利地将小车推进推出，故锅体有一部分处于车间地平面以下。又为了有利于杀菌锅的排水（每杀菌一次都需要大量排水），因此在安装杀菌锅的地方都有一个地槽。

在锅体上同样安装有各种仪表和阀门。应该指出的是，由于用反压杀菌，压力表所指示的压力包括锅内蒸汽和压缩空气的压力，造成温度计和压力表的读数其温度是不对应的。这是既要有温度计又要有压力表的原因。

③ 回转式杀菌设备　如图 3-5、图 3-6 所示。上锅是储水锅，为圆筒形的密闭容器，在其上部适当位置装有液位控制器，上锅用作制备下锅用的过热水。下锅是杀菌锅，也装有液位控制器，锅内有一转体，当杀菌篮进入锅体后，设有压紧装置使杀菌篮和转体之间不能相对运动。杀菌锅后端装置传动系统，由电动机、可分锥轮式无级变速器和齿轮等组成。通过大齿轮轴（即转体回转轴）驱动固定在轴上的转体回转，而转体带着杀菌篮回转，其转速可在 5～45r/min 内无级变速，同时可朝一个方向一直回转或正反交替回转。交替回转时，回转、停止和反转动作可由时间继电器设定，一般是在回转 6min，停止 1min 的范围内设定的。

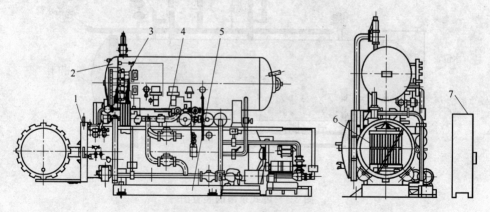

图 3-5　全水式回转杀菌设备

1—杀菌锅；2—储水锅；3—控制管路；4—水汽管路；

5—底盘；6—杀菌篮；7—控制箱

图 3-6　全水式回转杀菌设备

在传动装置的旋转部件上设置了一个定位器，借以保证同转体停止转动时停留在某一特定位置，便于从杀菌锅取出杀菌篮。回转轴是空心轴，测量罐头中心温度的导线即由此通过。

自动装篮机把罐头装入篮内，每层罐头之间用带孔的软性垫板隔开。用杀菌小车将杀菌篮送入杀菌锅内的带有滚轮的轨道上。杀菌锅装满杀菌篮时，用压紧机构将罐头压紧固定，再挂上保险杆，以防杀菌完毕启锅时杀菌篮自动溜出。

储水锅与杀菌锅之间用连接阀的管道连通，蒸汽管、进水管、排水管和空压管等分别连接在两锅的适当位置，在这些管道上按不同使用目的安装了不同规格的气动、手动、电动阀门。循环泵使杀菌锅中的水强烈循环，以提高杀菌效率并使杀菌锅里的水温度均匀一致。冷水泵的作用是向储水锅注入冷水和向杀菌锅注入冷却水。

回转式杀菌锅已自动控制，目前的自控系统大致可分为两种形式：一种是将各项控制参数表示在塑料冲孔卡上，操作时只要将冲孔卡插入控制装置内，即可进行整个杀菌过程的自动程序操作；第二种是由操作者将各项参数在控制盘上设定后，按上启动电钮，整个杀菌过程也就按设定的条件进行自动程序操作。

④ 常压连续杀菌设备　本设备主要用于水果类和一些蔬菜类圆形罐头的常压连续杀菌。

常压连续杀菌设备有单层、三层和五层三种。其中以三层的用得较多。层数虽有不同但原理一样，层数的多少主要取决于生产能力的大小、杀菌时间的长短和车间面积情况等。现以三层常压连续杀菌设备为例，来说明常压连续杀菌锅的结构和工作原理。

图 3-7 为结构简图。主要由传动系统、进罐机构 1、送罐链 2、槽体 3、出罐机构 4 及报警系统、温度控制系统等组成。

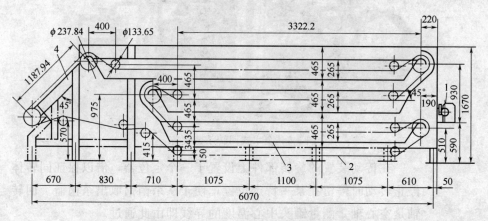

图 3-7　三层常压连续杀菌机简图

1—进罐机构；2—送罐链；3—槽体；4—出罐机构

从封罐机封好的罐头，进入进罐输送带后，由拨罐器把罐头定量拨进槽体内，并由翻板输送链将罐头由下至上运行，在第一层（或第一层和第二层）杀菌，在第二、三层（或第三层）冷却，最后由出罐机构将罐头卸出完成杀菌的全过程。

3.3　质量要求

3.3.1　原辅料

（1）番茄　采用新鲜或冷藏良好，色红，肉厚，籽室小，果实无裂缝，无病虫害、黑心果及霉变现象，横径在 30～50mm 的小番茄。

（2）白砂糖　应符合 GB 317.1—1991 的要求。

（3）食用盐　应符合 GB 5461—2000 的要求。

3.3.2　产品质量

(1) 感官要求　感官要求应符合表 3-4 的要求。

表 3-4　感官要求

项目	优级品	一级品	合格品
色泽	番茄呈红色,同一罐内番茄色泽一致,允许果蒂处稍带橙黄色;汤汁呈红色	番茄呈红色或橘红色,同一罐内番茄色泽较一致,允许果蒂处带橙黄色;汤汁呈红色至橙红色	番茄呈橘红色或橙红色,同一罐内番茄色泽尚一致,允许果蒂处略带黄色;汤汁呈红色至橙黄色
滋味气味	具有原汁整番茄罐头应有的风味,原果味鲜美,无异味	具有原汁整番茄罐头应有的风味,无异味	具有原汁整番茄罐头应有的风味,无异味
组织形态	番茄去皮,果形大体完整,籽实和果心无明显流失或严重外露,允许不影响外观的果蒂存在;大小大致均匀;番茄原汁不分离沉淀;允许有少量种籽存在;破裂果不超过 20%	番茄去皮,果形较完整,籽实和果心稍有流失或外露,允许不影响外观的果蒂存在;大小较均匀;番茄原汁不分离沉淀;允许有少量的种籽存在;破裂果不超过 30%	番茄去皮,果形尚完整,籽实和果心有流失或外露现象,允许不影响外观的果蒂存在;大小尚均匀

(2) 理化指标　净重和固形物的要求见表 3-5。

表 3-5　净重和固形物的要求

罐号	标明质量/g	净重		固形物			
		允许公差/%		含量/%	规定质量/g	允许公差/%	
		优一级品	合格品			优一级品	合格品
7116	425	±3.0	±5.0	55	234	±11.0	±11.0
9121	800	±2.0	±5.0	55	440	±9.0	±9.0
9124	850	±2.0	±5.0	55	468	±9.0	±9.0

① 净重　应符合表 3-5 中有关净重的要求,每批产品平均净重应不低于标明质量。

② 固形物　应符合表 3-5 中有关固形物含量的要求,每批产品平均固形物重应不低于规定质量。

③ 氯化钠含量　0.3%～1.0%。

④ 重金属含量　应符合 GB 11671—2003 的要求。

⑤ 番茄红素　不小于 6mg/100g。

(3) 微生物指标

① 应符合罐头食品商业无菌要求。

② 霉菌数　以全罐计，不大于 25％视野。

(4) 缺陷　样品的感官要求和物理指标如不符合技术要求，应计作缺陷。缺陷按表 3-6 分类。

表 3-6　样品缺陷分类

类别	缺　　陷
严重缺陷	有明显异味；有有害杂质，如碎玻璃、外来昆虫、头发、金属屑及长径大于 3mm 已脱落的锡珠
一般缺陷	有一般杂质，如棉线、合成纤维丝及长径不大于 3mm 已脱落的锡珠；净重负公差超过允许公差；固形物重负公差超过允许公差；感官要求明显不符合技术要求，有数量限制的超标

3.3.3　生产流程质量控制

原汁整番茄生产流程质量控制见表 3-7。

表 3-7　原汁整番茄生产流程质量控制

生产工艺	影响质量的关键控制点	质量因素	控制步骤	责任人
原料订购	合同、种子、土质、水质、运输、交售中样品等级与质量	农残　重金属　放射性 转基因　亚硝酸盐 水质报告	落实合同中的各项要求	原料部（科）
原料种植	种植面积　技术指导	农残　重金属　放射性 转基因　亚硝酸盐 水质报告	对合同内容实时监控；落实种植面积、进行技术指导	原料员
原料收购	采摘质量，采摘到交售时间 原料固形物含量 采摘前对灌溉的要求	霉菌　固形物含量	按标准收购原料 控制原料的使用时间	原料质检员
卸料储料	不允许存在编织带 储料时间不大于 12h 储料水质 储料池 分水系统	霉菌　感观	及时清除杂质 控制储料时间及储料水质 及时清洗料池并消毒 分水系统采用三级水	车间前处理工
输送	输送水（水质、分流次数） 杂质 沉沙池	霉菌　异物	向准备使用的原料池中加入清水 并添加一定浓度的氯水将原料输送到原料提升机 及时清除挂草钩的杂物	车间前处理工

生产工艺	影响质量的关键控制点	质量因素	控制步骤	责任人
放料提升	放料速度及其连续性	感观　浓度	保持生产的均匀、连续性	值班长 前处理工
一次拣选	个人卫生　环境卫生 不合格番茄拣选 异物的拣选 喷淋水的水质	霉菌　异物	挑出各类不良果 严格要求拣选工的个人卫生 喷淋水要符合国家饮用水标准 压力必须为(4.5±0.5)kg/m²,保持洗涤槽足够清洁	值班长 前处理工
真空烫皮	真空度 去皮程度 机器设备的清洗	皮　感观　果实温度	压缩空气的压力/真空度	值班长 前处理工
二次拣选	个人卫生　环境卫生 不合格番茄拣选 异物的拣选 机器设备的清洗	霉菌　异物　皮 果实完整率	加强卫生管理 加强拣选力度/加大设备清洗频次并做消毒处理	值班长 操作工
灌装	空罐的洁净度、合格率 原料温度 果汁温度 机器设备调试 灌装量 排气的有效性	固形物重 净重 真空度 微生物 商业无菌 罐体外观 顶隙度	使用合格并经消毒的空罐,罐内要求无积水/杂质,以热水冲洗,温度大于82℃或以蒸汽喷射杀菌、消毒 定期清洗设备 机器设备调试正常以保证真空度、顶隙度和灌装量符合合同要求 灌装温度要求大于90℃,罐心温度要求(55±5)℃;出现果汁不足或原料不足时,将已灌装好的罐倾倒,重新灌装	值班长 操作工
封罐	罐体的封口结构 罐体的洁净度	三率 密封性 罐体外观 真空度 微生物 商业无菌 锈罐	脱气完毕后,要求立即封口,罐心温度要求(55±5)℃,调整封口机以保证三率的合格,建立合理的检验频次,在交接班或机器出现故障时进行封口机结构和密封性的检验 罐体外观检验要求15min/次,并及时进行反馈	值班长 操作工和车间检验员

钠作护色剂，按重亚硫酸钠与水之比为 1∶5 配制。将配好的护色剂加到糖水中进行糖煮，加入量占糖水重的 0.2%。

(3) 防止煮烂的方法

① 选择坚熟期的番茄做加工原料。

② 采用间歇加热方法，加热时间不宜太长。

③ 煮前应进行硬化处理。

(4) 保质期问题 该产品常温下可保存 3 个月。如需要更长时间可采取以下措施。

① 储藏条件 应在卫生条件良好、通风、温度在 10℃ 左右的环境中储藏。

② 可采用真空包装。

③ 可在糖液中添加少量的防腐剂，如苯甲酸钠或山梨酸钾等。

项目八　番茄沙司的制作

番茄沙司是西餐上用的调味品，现在主要由上海梅林生产。

8.1　配方

对于 385kg 装 1000 瓶的配方如下。

番茄酱 340kg、砂糖 72kg、饴糖 20kg 、洋葱 2kg、红辣椒粉 0.08kg、生姜粉 0.06kg、五香粉 0.05kg、大蒜粉 0.02kg、桂皮 0.5kg、玉果粉 0.03kg、食盐 0.03kg、冰醋酸 4kg、色素 0.04kg。

8.2　操作要点

沙司的种类有 3000 多种，制作时，先将水果、蔬菜（苹果、橘子、葡萄、葱头、番茄、芹菜等）洗净、剥皮、捣碎、加热，通过加热，达到混合、溶解、杀菌的效果。加热锅有常压式和加压式两种，加热后过滤，去掉糟粕，再往纯清的汁液内添加砂糖、盐、醋和香辛料，最后将做好的汁液储藏在储藏容器内，经一定的时间，在一定的温度中，汁液熟成具有独特风味的沙司调味料。产品质量要求红褐色、酱状、体质细腻、味酸甜而微有香辣味。

项目九　番茄红素的提取

　　番茄红素主要来源于番茄、西瓜、胡萝卜、葡萄、粉红葡萄柚、草莓、柑橘等果实，其中以番茄含量最高，而且其含量随品种和成熟度的不同而异。一般番茄果实中番茄红素的含量为3～8mg/100g，在某些番茄品种的果实中，番茄红素的含量可达40mg/100g。而且在未成熟的果实中，番茄红素的含量相对较低，完全成熟时其含量则达到最大值，一般为类胡萝卜素总量的64%～76%。

　　番茄红素是一种功能性天然色素成分，摄食含番茄红素的制品可起到抗氧化、抑制突变、降低核酸损伤、减少心血管疾病及预防癌症等多种功能，特别是对防治前列腺癌、胃肠道癌及皮肤癌等效果显著，其中番茄红素清除单线态氧的能力最强，是维生素E的100倍，是β-胡萝卜素的2倍多。此外，番茄红素还具有改善皮肤营养（如色斑沉着，防止紫外线照射、保护容颜）的作用，还能提高人体免疫力，降低血脂和心血管疾病的发病率。因此，番茄红素可以广泛用于医疗卫生、保健、化妆品和食品领域。也因而日益受到广泛关注和重视，产品在国际市场高价俏销。

9.1　工艺流程

选料→破碎→浸提→过滤→浓缩→干燥→成品

9.2　操作要点

　　(1) 选料　选取新鲜且含番茄红素高的番茄，洗涤后破碎。

　　(2) 浸提　以氯仿为溶剂提取番茄红素，给破碎后的番茄中加入 90％原料质量的氯仿，用盐酸调节 pH 值为 6，在 25℃下提取 15min，然后过滤得到番茄红素提取液。

(3) 浓缩　提取液在 45℃、67kPa 真空度下进行浓缩，得到膏状产品并回收溶剂。

(4) 干燥　真空干燥后可得到番茄红素产品。

下篇　番茄制品的检验

1. 基础知识 ▶▶

食品分析的一般程序为：样品采集、制备和保存，样品的预处理、成分分析、分析数据处理及分析报告的撰写。

1.1　实验室用水、试剂和器皿要求

（1）实验室用水要求　水是实验室中最常用的溶剂。在未特殊注明的情况下，无论配制试剂用水，还是分析操作过程中加入的水，均为纯度能满足分析要求的蒸馏水或去离子水。蒸馏水可用普通的生活用水经蒸馏汽化冷凝而成。

（2）试剂要求　化学试剂是符合一定质量标准的纯度较高的化学物质，它是分析工作的物质基础。试剂的纯度对分析检验很重要，它会影响到结果的准确性。能否正确选择、使用化学试剂，将直接影响到分析实验的成败及实验成本。根据质量标准及用途的不同，化学试剂大体可分为标准试剂、普通试剂、高纯试剂和专用试剂四类。其中，普通试剂又可分为优级纯（GR）、分析纯（AR）和化学纯（CP）三级。在罐头制品检验中，常用的试剂为分析纯。

（3）器皿设备要求　所需的器皿应根据检验方法的要求来选用。一般应选用硬质的玻璃仪器，遇光不稳定的试剂应选择棕色玻璃瓶避光储存。选用时还应考虑到容器及容量精度和加热的要求。另外，检验中所使用的各种器皿必须洁净，否则会造成结果误差。

相关测量设备如天平、酸度计、温度计、分光光度计等应按国家有关规程进行测试和校正。

1.2 感官检验要求

(1) 检验人员要求

① 敏感性 感官检验人员必须具有正常的视觉、嗅觉和味觉的敏感性。色盲、嗅盲和味盲的人不得担任感官检验员,过度敏感的人也不能担任感官检验员。

② 健康情况 健康是保证正常感官感觉的基础,检验人员不能有病痛、过敏等疾病,也不能有特殊嗜好与偏爱,更不允许有明显的个人气味(如狐臭)。

③ 表达能力 感官检验的结果靠检查人员用恰当的语言来表达,因此,检验人员需要有一定的语言表达能力和语文理解水平。

④ 专业能力 检验人员必须具有熟练的检验操作技能,熟悉产品生产的专业知识,具有一定的理解能力和分析能力。

(2) 感官检验环境的要求

① 采光和照明 光线决定人的视觉敏感性,过亮、过暗及直射等不适的光线都将导致视觉的疲劳和误差。最好是人眼最适宜的自然光线,也可用荧光灯、白炽灯照明,但应照明均匀,无阴影。

② 噪声 检查室环境噪声应低于40dB,安静的环境有助于提高注意力。

③ 温度及湿度 适宜的温度和湿度给人以舒适感。最适宜的室温为21~25℃,相对湿度约为60%。

④ 换气 感官检验区必须是无味的,最好有换气设备,有一个清新的空气环境。

1.3 数据处理

有效数字的表达及运算规则如下。

(1) 记录一个测定值时,只保留一位可疑数据。

(2) 整理数据和运算中弃取多余数字时,采用"数字修约规则"。

四舍六入五考虑,五后非零则进一,
五后皆零视奇偶,五前为奇则进一,
五前为偶则舍弃,不许连续修约。

（3）加减法　以小数点后位数最少的数据的位数为准，即取决于绝对误差最大的数据位数。

（4）乘除法　以有效数字位数最少者为准，即取决于相对误差最大的数据位数。

（5）对数　对数的有效数字只计小数点后的数字，即有效数字位数与真数位数一致。

（6）常数　常数的有效数字可取无限多位。

（7）第一位有效数字等于或大于 8 时，其有效数字位数可多算一位。

（8）在计算过程中，可暂时多保留一位有效数字。

（9）误差或偏差取 1～2 位有效数字即可。

1.4　采样方法

（1）样品采集　所谓采样就是从整批产品中抽取一定量具有代表性样品的过程。采样数量应能反映该食品的卫生质量和满足检验项目对样品量的需要，一式 3 份，分别供检验、复验与备查或仲裁用，每份样品一般不应少于 0.5kg。同一批号的完整小包装食品，250g 以上的包装不得少于 6 个，250g 以下的包装不得少于 10 个。

（2）正确采样意义　首先，正确采样，必须遵守两个原则：第一，采集的样品要均匀，有代表性，能反映全部被测食品的组分，质量和卫生状况；第二，采样过程中要设法保持原有的理化指标，防止成分逸散或带入杂质。

其次，食品采样检验的目的在于检验试样感官性质上有无变化，食品的一般成分有无缺陷，加入的添加剂等外来物质是否符合国家的标准，食品的成分有无掺假现象，食品在生产运输和储藏过程中有无重金属、有害物质和各种微生物的污染以及有无变化和腐败现象。由于我们分析检验时采样很多，其检验结果又要代表整箱或整批食品的结果。所以样品的采集是我们检验分析中的重要环节的第一步，采取的样品必须代表全部被检测的物质，否则以后样品处理及检测计算结果无论如何严格准确也是没有任何价值。

（3）番茄酱取样规则

① 产品质量正常时的取样规则

a. 半成品每 1h 取一次。取样时，打开手动阀门，将管中残余酱放出，再用洁净无水的缸子接酱 300～400ml，盖上盖子。记录浓度仪上的显示浓度。

b. 成品在灌装口取样，每 1h 取一次，每袋 1.5～2kg，并记录生产线及灌装头编号，并迅速送达化验室。

c. 原汁每 3h 取样一次，从果汁暂存灌取，每次 300～400ml。

d. 取样后应及时在原始记录上填写生产线、灌装头、成品、半成品取样时间，半成品显示浓度。

② 出口报检的取样规则　由××出入境检验检疫局认可的抽样员，按规定的时间间隔进行抽样，每批不得少于 6 袋。生产稳定时，对于 12h 一班（批）抽样间隔时间为 1 袋/2h。24h 一班（批）抽样间隔时间为 1 袋/4h。

③ 生产企业的自检样品取样规则　生产企业对成品的浓度、黏度、霉菌、感官等项目的检验，以及对半成品浓度、黏度、感官等项目的检验，时间间隔不得超过 1h，成品检验次数不得少于 12 次。合格品的每批留样数不得少于 24 袋，整批不合格品每批留样数不得少于 16 袋，间歇性不合格品每小时留样 2 袋，以备溯源。

需要做商业无菌检验的保温样品：200L 无菌袋包装的抽样样品其中不少于 4 袋进行保温、2 袋不保温；在样袋上注明保温、未保温字样和保温开始、截止时间、保温批次、取样人。

重金属、农残、放射性元素等特殊项目的检验：将样品送××出入境检验检疫局食品处。200L 样品中不得少于 6 袋；申请农残检测时需提供原料地农药使用的普查情况。

④ 番茄酱质量异常时取样规则

a. 质量不正常时，缩短取样时间，加大抽检量，快速抽检。

b. 霉菌超标时，成品 30min 取样一次。如整批产品霉菌超标时，则按规定时间抽检。

c. 感官不合格，出现颜色发黑、焦煳味、黑斑等现象时，成品、半成品均每 15min 取样一次，以后感官颜色、气味逐渐好转时，则以每 2min 取样一次进行检测，直至合格为止。

d. 当设备的传感器出现故障，酱体循环超过半小时，每隔 15min 等进行取样，将样袋保温做微生物检验。并填写保温记录。

e. 浓度不够时，成品、半成品 15min 取样一次，但尽可能以最快的速度检测样品，缩短检测时间，以保证尽量减少剔除桶数，直至合格。

2. 番茄酱检测项目 ▶▶

2.1 感官检验

2.1.1 概念及意义

(1) 概念 食品的感官检验，是根据人的感觉器官对食品的各种质量特征的"感觉"，如：味觉、嗅觉、听觉、视觉等；用语言、文字、符号或数据进行记录，再运用统计学的方法进行统计分析，从而得出结论，对食品的色、香、味、形、质地、口感等各项指标做出评价的方法。

(2) 感官检验类型 分析型感官检验：将人的感觉器官作为一种测量、分析仪器。偏爱型感官检验：以食品为工具，来测定人的感官特性。

(3) 意义 食品质量的优劣最直接的表现——它的感官性状，通过感官指标来鉴别食品的优劣和真伪，不仅简单易行，而且灵敏度高，直观实用。总之，感官检验对食品工业原辅料、半成品和成品质量检测和控制、食品储藏保鲜、新产品开发、市场调查以及家庭饮食方面都具有重要的指导意义。

2.1.2 检验方法

(1) 原理 根据人的感觉对番茄酱的各种质量特征的"感觉"，如：嗅觉、视觉、听觉等，用语言、文字、符号或数据进行记录。

(2) 仪器、器皿 剪刀、不锈钢勺、白色瓷盘、白瓷板、玻璃板。

(3) 检验步骤

① 样品袋取回后，在室温下用剪刀将无菌袋三边剪开后撕开，

看酱体有无流散和汁液分离现象。

② 用不锈钢勺搅拌均匀，使之具有代表性。立即俯下身闻其气味是否有番茄酱应有的气味，再用舌添少许，滋味是否有苦涩味、焦煳味或润滑油脂味。如为半成品，可直接嗅闻、品尝。

③ 取适量于不锈钢容器中，盖上盖，放入冰箱或凉水中，降温至 20℃，以备检测浓度用。

④ 取适量酱铺于白色瓷盘中，在充足自然光下观察其色泽。

⑤ 用不锈钢勺不断翻动酱体，检测其是否有缺陷存在。

⑥ 准备 15cm×15cm 玻璃板一块，取 10g 左右酱于白瓷板上，将玻璃板压在白瓷板上，两手握紧两边，用大拇指移动玻璃板，使其在白瓷板上做上下、左右移动，最后使酱体均匀铺满整个瓷板，移至光亮处。观察瓷板上的酱体是否有粗大皮渣和籽实，是否有较多的黑斑，黑斑直径是否超过生产的产品的筛网孔径，按照番茄酱不合格品分类质量标准进行判定。

⑦ 将用具清洗干净，擦干净。

（4）检验结果见表 2-1。

表 2-1　检验结果

煳　斑	异　味	色　泽

（5）结果判定。

2.2　可溶性固形物含量检测

2.2.1　原理

在 20℃用折光计测量待测样液的折光率，并用折光率与可溶性固形物含量的换算表查得或折光计上直接读出可溶性固形物含量。

2.2.2　仪器、器皿

阿贝折光计或其他折光计（测量范围 0～80%，精确度 ±0.1%）、电子天平、搅拌器、台灯、缸子、不锈钢勺、尼龙纱布、温度计、剪刀、脱脂棉。

2.2.3　试样的制备

① 透明液体制品　将试样充分混匀，直接测定。

② 半黏稠制品（番茄酱、菜浆类）　将试样充分混匀，用四层纱布挤出滤液，弃去最初几滴，收集滤液供测试用。

③ 含悬浮物质制品（果粒、果汁饮料）　将待测样品置于组织捣碎机中捣碎，用四层纱布挤出滤液，弃去最初几滴，收集滤液供测试用。

2.2.4　分析步骤

① 测定前按说明书校正折光计。

② 分开折光计两面棱镜，用脱脂棉蘸乙醚或乙醇擦净。

③ 用末端熔圆之玻璃棒蘸取试液 2～3 滴，滴于折光计棱镜面中央（注意勿使玻璃棒触及镜面）。

④ 迅速闭合棱镜，静置 1min，使试液均匀无气泡，并充满视野。

⑤ 对准光源，通过目镜观察接物镜。调节指示规，使视野分成明暗两部，再旋转微调螺旋，使明暗界限清晰，并使其分界线恰在接物镜的十字交叉点上。读取目镜视野中的百分数或折光率，并记录棱镜温度。

⑥ 如目镜读数标尺刻度为百分数，即为可溶性固形物的百分含量；如目镜读数标尺为折光率，可按附表 1 换算为可溶性固形物百分含量。将上述百分含量按附表 2 换算为 20℃时可溶性固形物百分含量。

2.3　黏度测定

2.3.1　原理

根据酱体在经用水平仪调直水平的黏度仪上流过的距离，测其黏度值，黏度值越小，黏度越大，反之，黏度值越大，黏度越小。

2.3.2 仪器、器皿

不锈钢黏度仪、电子天平、搅拌器、秒表、直把刮刀、500ml 塑料烧杯。

2.3.3 检验步骤

(1) 检测时要保持黏度计的完全干燥、洁净，把它放在稳固的水平面上并调整至水平，也可利用水平仪在水平槽内调水平。仪器调整完毕，按下闸板。

(2) 取 36%～38% 酱 70g，逐渐加入蒸馏水约 130ml；取 28%～30% 酱 100g 加入蒸馏水约 130ml；充分搅拌均匀、无气泡（加水时，不要直接倒入，应顺着杯壁慢慢加入，在搅拌时，搅拌器具应沿着杯壁搅动），调浓度至 12.5%（或根据客户要求）（酱温及仪器温度均控制在 20℃ 左右检测）。

(3) 用浓度为 12.5% 的样品填满样品槽，用刮刀刮去多余的样品。

(4) 一只手按下闸板开关，另一只手同时按下秒表。

(5) 记录 30s 酱体流过的距离（以流体舌尖处为准），即为所测番茄酱样品黏度值（cm/30s）。

2.3.4 检测结果与计算

根据 GB/T 14215（行标）规定，36% 酱的黏度小于 6.8cm/30s 为合格。

2.4 总酸度测定

2.4.1 概述

食品中的酸味物质，主要是溶于水的一些有机酸和无机酸。在果蔬及其制品中，以苹果酸、柠檬酸、酒石酸、琥珀酸和醋酸为主；在肉、鱼类食品中则以乳酸为例。此外，还有一些无机酸，像盐酸、磷酸等。这些酸味物质，有的是食品中天然成分，像葡萄中的酒石酸，苹果中的苹果酸；有的是人为加进去的，像配制型饮料中加入的柠檬酸；还有的是在发酵中产生的，像酸奶中的乳酸。酸在食品中主要有以下三个方面的作用：①显味剂；②保持颜色稳定；③防腐作用。

食品中的酸度通常用总酸度（滴定酸度）、有效酸度、挥发性酸度来表示。

(1) 总酸度 是指食品中所有酸性物质的总量，包括已离解的酸浓度和未离解的酸浓度，采用标准碱液来滴定，并以样品中主要代表酸的百分含量表示。

(2) 有效酸度 指样品中呈离子状态的氢离子的浓度（严格地讲是活度），用 pH 计进行测定，用 pH 值表示。

(3) 挥发性酸度 所有低分子量的脂肪酸，如游离态或结合态的乙酸和丙酸，但甲酸除外，可用直接或间接法进行测定。

2.4.2 测定方法（直接滴定法）

(1) 原理 食品中的有机酸（弱酸）用标准碱液滴定时，被中和，生成盐类。用酚酞作指示剂，当滴定到终点（pH＝8.2，指示剂显红色）时，根据消耗的标准碱液体积，计算出样品总酸的含量。其反应式如下。

$$RCOOH + NaOH \longrightarrow RCOONa + H_2O$$

(2) 样品的处理与制备 取番茄酱样品 10.00g，定容于 250ml 容量瓶，过滤备用。

(3) 样品滴定 准确吸取制备的滤液 50ml，加入酚酞指示剂 2～3 滴，用 0.1000mol/L 标准碱液滴定至淡粉红色 15s 不褪色，记录用量，同时做空白实验。以下式计算样品含酸量。

$$总酸度（\%）= \frac{c \times (V_1 - V_2) \times K}{m} \times \frac{V_3}{V_4}$$

式中　c——标准氢氧化钠溶液的浓度，mol/L；

V_1——滴定所消耗标准碱液的体积，ml；

V_2——空白所消耗标准碱液的体积，ml；

V_3——样品稀释液总体积，ml；

V_4——滴定时吸取的样液的体积，ml；

m——样品质量或体积，g 或 ml；

K——0.06，1mol 氢氧化钠相当于主要酸的克数。

（4）注意事项

① 分析前将蒸馏水煮沸并迅速冷却，以除去水中的 CO_2。

② 若样品有色（如果汁类）可脱色或用电位滴定法，也可加大稀释比，按 100ml 样液加 0.3ml 酚酞测定。

2.5　pH 值测定

2.5.1　原理

将校正后的酸度计的复合电极插入均匀的酱体中，组成一个电化学原电池，其电动势的大小与酱体的 pH 值有关，从而可通过对原电池电动势的测量，在 pH 计上直接读出番茄酱的 pH 值。

2.5.2　仪器

数字酸度计。

2.5.3　试剂

pH4.00 的邻苯二甲酸氢钾溶液、pH6.88 的磷酸二氢钾和磷酸氢二钠溶液。

2.5.4　检验步骤

（1） 用洁净滤纸吸去附于复合电极表面的水，插入 pH＝6.88 缓冲溶液中，置选择开关于"温度设置"位，调节"温度补偿"电位器，使显示温度与溶液温度一致。

（2） 置选择开关于"pH"位，调节"定位"电位器。使显示值与 pH＝6.88 缓冲溶液在该温度下的 pH 值一致。

（3） 用蒸馏水清洗电极，滤纸吸干水分，插入 pH＝4.00 缓冲溶液中，调节"斜率"电位器，使显示值与 pH＝4.00 缓冲溶液在该温度下的 pH 值一致。

（4） 进行上述操作，使显示值同时符合两标准液的 pH 值。

（5） 仪器标定后可进行样品 pH 值的测量。先将电极用蒸馏水清洗干净，用洁净的滤纸吸干附着于电极上面的水，然后将其插入搅拌均匀的酱体中，待数值稳定后，可直接读出被测样品的 pH 值。

(6) 测量完毕，用蒸馏水将复合电极上的酱体冲洗干净、擦干，浸在蒸馏水中。

2.5.5 检测结果与计算

从酸度计上读出的 pH 值，根据 GB/T 10786—1989 判定检测结果是否合格。

2.6 还原糖测定（直接滴定法）

2.6.1 原理

样品经除去蛋白质后，在加热条件下，直接滴定已标定过的费林液，费林液被还原析出氧化亚铜后，过量的还原糖立即将次甲基蓝还原，使蓝色褪色。根据样品消耗体积，计算还原糖量。

2.6.2 主要仪器

滴定管，电炉，容量瓶。

2.6.3 试剂

(1) 费林甲液 称取 15g 硫酸铜（$CuSO_4 \cdot 5H_2O$）及 0.05g 次甲基蓝，溶于水中并稀释至 1L。

(2) 费林乙液 称取 50g 酒石酸钾钠与 7.5g 氢氧化钠，溶于水中，再加入 4g 亚铁氰化钾，完全溶解后，用水稀释至 500ml，储存于橡胶塞玻璃瓶内。

(3) 乙酸锌溶液 称取 21.9g 乙酸锌，加 3ml 冰醋酸，加水溶解并稀释至 100ml。

(4) 亚铁氰化钾溶液 称取 10.6g 亚铁氰化钾，用水溶解并稀释至 100ml。

(5) 盐酸。

(6) 葡萄糖标准溶液 精密称取 1.000g 经过 80℃ 干燥至恒量

的葡萄糖（纯度在 99％以上），加水溶解后加入 5ml 盐酸，并以水稀释至 1L。此溶液相当于 1mg/ml 葡萄糖（注：加盐酸的目的是防腐，标准溶液也可用饱和苯甲酸溶液配制）。

（7）碱性酒石酸铜甲液、碱性酒石酸铜乙液等。

2.6.4　操作方法

（1）**样品处理**　称取 2.5～5.0g 样品，置于 250ml 容量瓶中，加 50ml 水，摇匀。边摇边慢慢加入 5ml 乙酸锌溶液及 5ml 亚铁氰化钾溶液，加水至刻度，混匀。静置 30min，用干燥滤纸过滤，弃去初滤液，滤液备用。

（2）**标定费林液**　吸取 5.0ml 费林甲液及 5.0ml 费林乙液，置于 150ml 锥形瓶中（注意：费林甲液与费林乙液混合可生成氧化亚铜沉淀，应将费林甲液加入费林乙液，使开始生成的氧化亚铜沉淀重溶），加水 10ml，加入玻璃珠 2 粒，从滴定管滴加约 9ml 葡萄糖标准溶液，控制在 2min 内加热至沸，趁沸以每两秒 1 滴的速度继续滴加葡萄糖标准溶液，直至溶液蓝色刚好褪去并出现淡黄色为终点，记录消耗的葡萄糖标准溶液总体积，平行操作三份，取其平均值，计算每 10ml（费林甲液、费林乙液各 5ml）碱性酒石酸铜溶液相当于葡萄糖的质量（mg）。

（3）**样品溶液预测**　吸取 5.0ml 费林甲液及 5.0ml 费林乙液，置于 150ml 锥形瓶中，加水 10ml，加入玻璃珠 2 粒，控制在 2min 内加热至沸，趁沸以先快后慢的速度，从滴定管中滴加样品溶液，并保持溶液沸腾状态，待溶液颜色变浅时，以每秒 1 滴的速度滴定，直至溶液蓝色褪去，出现亮黄色为终点。如果样品液颜色较深，滴定终点则为蓝色褪去出现明亮颜色（如亮红），记录消耗样品溶液的总体积。

（4）**样品溶液测定**　吸取 5.0ml 碱性酒石酸铜甲液及 5.0ml 碱性酒石酸铜乙液，置于 150ml 锥形瓶中，加水 10ml，加入玻璃珠 2 粒，在 2min 内加热至沸，快速从滴定管中滴加比预测体积少 1ml 的样品溶液，然后趁沸继续以每两秒 1 滴的速度滴定直至终点。记录消耗样液的总体积，同法平行操作两至三份，得出平均消耗体积。

2.6.5　计算

$$还原糖(\%) = \frac{c \times V_1}{m \times \dfrac{V_2}{V} \times 1000} \times 100\%$$

式中　c——葡萄糖标准溶液的浓度，mg/ml；

　　　V_1——滴定 10ml 费林溶液（费林甲液、费林乙液各 5ml）消耗葡萄糖标准溶液的体积，ml；

　　　V_2——测定时平均消耗样品溶液的体积，ml；

　　　V——样品定容体积，ml；

　　　m——样品质量，g。

2.7　番茄红素测定

2.7.1　番茄红素概述

番茄红素（Lycopene）是类胡萝卜素的一种，是一种很强的抗氧化剂，具有极强的清除自由基的能力，对防治前列腺癌、肺癌、乳腺癌、子宫癌等有显著效果，还有预防心脑血管疾病、提高免疫力、延缓衰老等功效，有植物黄金之称，被誉为"21 世纪保健品的新宠"。它是自然界中最强的抗氧化剂，其抗氧化作用是 β-胡萝卜素的 2 倍，维生素 E 的 100 倍。在清除人体"万病之源"——自由基方面，番茄红素的作用比 β-胡萝卜素更强大。2003 年，美国《时代》杂志把番茄红素列在"对人类健康贡献最大的食品"之首，番茄红素也因此被称为"植物中的黄金"。目前，番茄红素已在欧美、日本和我国港台地区被广泛接受。

2.7.2　测定方法

(1) 原理　番茄酱经甲醇多次少量脱水并除去其中的黄色素，再用甲苯多次少量提取番茄红素，用分光光度法测定提取液的吸光度，根据标准曲线计算番茄红素含量。

(2) 仪器、器皿　电子分析天平、分光光度计、1cm 比色皿、50ml 小烧杯、50ml 棕色容量瓶、玻璃棒、三角漏斗、擦镜纸、滤纸。

(3) 试剂 甲醇（AR）、甲苯（AR）、无水乙醇、苏丹 I 色素。

(4) 样品检验步骤

① 称取番茄酱 0.1～0.2g（精确至 0.0002g）于 50ml 小烧杯中，在盛有试样的小烧杯中加入少量甲醇，立即用玻璃棒充分搅拌，抽提番茄酱中的黄色素，将抽提液移入带滤纸的玻璃漏斗中过滤，烧杯里剩余的残渣再加入少量甲醇，重复上述操作，直至滤液无色，弃去滤液。

② 用少量甲苯分数次按以上步骤提取番茄红素直至滤液无色为止，滤液接入 50ml 棕色容量瓶中，用甲苯定容摇匀，即为番茄红素提取液。

③ 将上述提取液移入 1cm 比色皿中，在分光光度计中寻找最大吸收波长。

④ 在番茄红素提取液最大吸收波长（约为 485nm）下，以甲苯为空白溶液，用分光光度计测定吸光度，从标准曲线计算番茄红素提取液中番茄红素的浓度。

(5) 标准曲线的绘制

① 称取 0.025g 苏丹 I 色素，精确到 0.0001g，用少量无水乙醇溶解，定量移入 50ml 棕色容量瓶中，用无水乙醇稀释至刻度，摇匀。

② 精确吸取上述标准溶液 0.26ml、0.52ml、0.78ml、1.04ml、1.30ml，分别注入一组 50ml 棕色容量瓶中，用无水乙醇稀释至刻度，摇匀后即相当于 $0.5\mu g/ml$、$1.0\mu g/ml$、$1.5\mu g/ml$、$2.0\mu g/ml$、$2.5\mu g/ml$ 番茄红素的标准溶液。然后，依次注入 1cm 比色皿（比色皿用无水乙醇冲洗，然后用被测液同化）中，以番茄红素提取液进行比色寻找最大波长（约 485nm），在此波长下用无水乙醇为空白溶液，分别测定吸光度，以测得的吸光度为横纵坐标。苏丹I色素标准溶液所相当番茄红素浓度为横坐标，绘制计算标准曲线。

③ 从标准曲线计算番茄红素提取液中番茄红素的浓度，每次改变波长时，都要用空白溶液重新调节吸光度的零点。

(6) 结果与数据处理（表 2-2）

标准曲线方程：$Y=a+bX$（a 为回归截距，b 为回归斜率）

式中　Y——吸光度；

　　　X——比色液的浓度。

表 2-2　结果与数据处理

称　样　质　量		吸光度(A)	
1	2	1	2

番茄红素的含量(mg/100g)$=5\times x/m$

式中　x——色素提取液中番茄红素的浓度，$\mu g/ml$；

　　　m——试样质量，g。

$$x_1=(A_1-a)/b$$
$$x_2=(A_2-a)/b$$

番茄红素 $1=x_1\times5/m_1$

番茄红素 $2=x_2\times5/m_2$

计算番茄红素的算术平均值。

番茄红素的含量大于 50% 均为合格，由此判定该酱的番茄红素含量 （mg/100g） 是否合格。

(7) 注意事项

① 同一样品的两次测定值之差应小于 2mg/100g。标准曲线方程：生产期每人做一条标准曲线，选取最标准的一条为当年的番茄红素曲线方程。

② 每批次做番茄红素的同时，通过分光光度计观察提取液寻找的最大吸收波长与做标准曲线时的最大吸收波长是否相吻合。吻合后，配置两个标准溶液对标准曲线进行验证，测得结果是否与标准值相吻合，以验证该曲线的有效性。

2.8　霉菌检测

2.8.1　原理

将番茄酱稀释至 8.5% 左右。制片后在显微镜下观察，由于外界射入的光线经反光镜反射向上，经聚光镜汇聚在被检的制片上。由制片反射或折射出的光线经物镜进入使光轴与水平面倾斜 45°角的棱镜，在目镜的视场处成放大的侧光实像。由此观察霉菌。

2.8.2 仪器、器皿

显微镜、电子天平、圆头玻璃棒、郝氏计测玻片、盖玻片（25个视野）、50ml 小烧杯、100ml 量筒。

2.8.3 检验步骤

（1）检样的准备 取定量检样，将其稀释至 7.9%～8.8%，充分搅拌均匀后，滴 1 滴涂于载玻片中央平面计侧室上，滴加适量，必须充满计测室，要均匀充满无气泡为止，盖上盖玻片（从充分混合的样品中取出一部分均匀分散到计测室中是极其重要的，否则，放盖玻片时不溶性物质包括霉菌会集中在计数板的中部）。如分布不均匀或无牛顿环或有液体被带过浅槽，此样片需冲洗掉重新制片。

（2）打开显微镜电源，旋转光调节钮，调节光强，按箭头的方向旋转光调节钮，增加光强，按反方向旋转低光强。

（3）将制好的样品仔细放在显微镜的物镜下，轻轻拨动夹片器（以免损坏载玻片边缘）将其固定住。旋转上部的垂直控制钮沿前后方向移动样品制片，旋转下部的控制钮侧向移动样品制片。边观察边移动样品到需要的位置。

（4）旋转物镜转换至 10 倍的物镜下，使其视野直径为 1.382mm，对准样品的视野。旋转显微镜的粗调，使样品尽可能接近物镜。通过目镜镜头观察样品，慢慢旋转粗调使载物台下降，粗聚焦以后，旋转微调精确聚焦。

（5）调节两个观察筒的距离，从而可以观察到一个单一的显微镜像，根据视间距进行调节。

（6）调节屈光度 用右眼通过右边目镜镜头观察，并旋转粗调钮或细调钮使样品聚焦。用左眼通过左边目镜镜头观察，只旋转屈光度调节环使样品聚焦。

（7）如果整个观察视场中亮度不够，可轻微降低聚光镜提高亮度。旋转聚光镜上下移动钮将聚光镜移到最高位置。

(8) 调节粗调钮，使载物台上下移动，对样品粗对焦，调节微调钮，使载物台上下移动，对样品精确对焦。

(9) 观察 25 个视野，每个样品至少观察 2 个样片。两次的霉菌数相差不超过 2 个时，所观测到的霉菌阳性视野即为两次检测之和的百分数（进行百分比换算）。当观察两次霉菌数数量超过 2 个，就要制 4 个样片，观察 4 次，霉菌计数即为 4 次观测之和。

(10) 一般每个检样至少观察 50 个视野，最好同一检样两人进行观测。

2.8.4　霉菌菌丝的特征

① 平行壁。
② 有隔膜。
③ 菌丝内呈粒状。
④ 有分支。
⑤ 菌丝的顶部呈钝圆形。
⑥ 菌丝体不折光，无折光现象。

2.8.5　判定你所看到的视野为阳性视野的方法

① 一个菌丝的长度超过视野直径的 1/6 记为一个阳性视野。
② 单个菌丝加上分支菌丝总长度超过视野直径的 1/6 记为一个阳性视野。
③ 两个菌丝加上分支菌丝总长度超过视野直径的 1/6 记为一个阳性视野。
④ 三个霉菌菌丝的总长度（超过 3 个菌丝的总长度不算）超过视野直径的 1/6 记为一个阳性视野。
⑤ 一丛菌丝的总长度超过视野直径的 1/6 记为一个阳性视野。

2.8.6　检测结果与计算

$$样品阳性视野(\%)=\frac{阳性视野数}{观察视野数}\times100\%$$

根据 GB 4789.15—1994 规定，霉菌指标≤50％均为合格。

2.9 大肠菌群的检测

2.9.1 实验器材

（1）培养基 乳糖胆盐发酵管，乳糖发酵管，伊红美蓝琼脂（EMB）培养基。

（2）试剂 革兰染色液等。

（3）器材 平皿、试管、发酵管、吸管、三角瓶、广口瓶、均质器或乳钵、培养箱、恒温水浴锅等。

2.9.2 检验程序

食品中大肠菌群检测程序见图 2-1 所示。

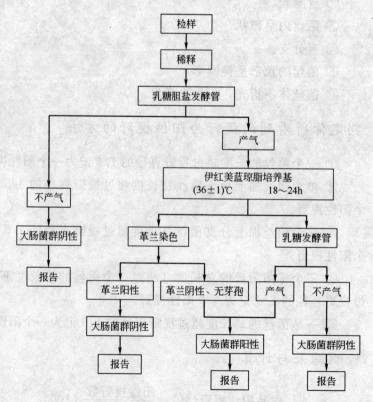

图 2-1 食品中大肠菌群的检测程序

2.9.3 操作步骤

(1) 采样及稀释

① 按无菌操作法将检样 25g（或 25ml）放于含有 225ml 无菌水的三角瓶中（瓶内预置适当数量的玻璃珠）或灭菌乳钵内，经充分振摇或研磨做成 1∶10 的均匀稀释液。固体检样最好用无菌均质器，以 8000～10000 r/min 的速度离心 1min，做成 1∶10 的稀释液。

② 用 1ml 灭菌吸管吸取 1∶10 稀释液 1ml，注入含有 9ml 无菌水的试管内，振摇混匀，做成 1∶100 的稀释液，换用 1 支 1ml 灭菌吸管，按上述操作依次做 10 倍系列稀释液。

③ 根据食品的卫生要求或对检验样品污染情况的估计，选择 3 个稀释度，每个稀释度接种 3 管。也可直接用样品接种。

(2) 乳糖初发酵试验 即通常所说的假定试验。其目的在于检查样品中有无发酵乳糖产生气体的细菌。

将待检样品接种于乳糖胆盐发酵管内，接种量在 1ml 以上者，用双倍乳糖胆盐发酵管；1ml 及 1ml 以下者，用单倍乳糖胆盐发酵管。每一个稀释度接种 3 管，置（36±1）℃温箱内，培养（24±2）h，如所有乳糖胆盐发酵管都不产气，则可报告为大肠菌群阴性，如有产气者，则按下列程序进行。

(3) 分离培养 将产气的发酵管分别划线接种于伊红美蓝琼脂平板，置（36±1）℃温箱内培养 18～24h，然后观察菌落形态并做革兰染色、镜检并做复发酵试验。

(4) 乳糖复发酵试验 即通常所说的证实试验，其目的在于证明经乳糖初发酵试验呈阳性反应的试管内分离到的革兰阴性无芽孢杆菌确能发酵乳糖产生气体。

在上述选择性伊红美蓝琼脂培养基上，挑取可疑的大肠菌群菌落 1～2 个进行革兰染色，同时接种乳糖发酵管，置（36±1）℃温箱内培养（24±2）h，观察产气情况。

凡乳糖发酵管产气，革兰染色为阴性反应的无芽孢杆菌，即报告为大肠菌群阳性；凡乳糖发酵管不产气或革兰染色为阳性，则报告为大肠菌群阴性。

（5）报告 根据证实为大肠菌群阳性的管数，查 MPN 检索表，报告每 100ml（g）大肠菌群的 MPN 值（表 2-3）。

表 2-3 MPN（大肠菌群最可能数）检索表

阳 性 管 数			MPN	95%可信度	
1ml(g)×3	0.1ml(g)×3	0.01ml(g)×3	/[个/100ml(g)]	下限	上限
0	0	0	<30		
0	0	1	30	<5	90
0	0	2	60		
0	0	3	90		
0	1	0	30		
0	1	1	60	<5	130
0	1	2	90		
0	1	3	120		
0	2	0	60		
0	2	1	90		
0	2	2	120		
0	2	3	150		
0	3	0	90		
0	3	1	130		
0	3	2	160		
0	3	3	190		
1	0	0	40		
1	0	1	70	<5	200
1	0	2	110	10	210
1	0	3	150		
1	1	0	70		
1	1	1	110	10	230
1	1	2	150	30	360
1	1	3	190		
1	1	0	70		
1	1	1	110	10	230
1	1	2	150	30	360
1	1	3	190		
1	2	0	110		
1	2	1	150		
1	2	2	200		
1	2	3	240		
1	3	0	160		
1	3	1	200	30	360
1	3	2	240		
1	3	3	290		
2	0	0	90		

续表

阳 性 管 数			MPN /[个/100ml(g)]	95%可信度	
1ml(g)×3	0.1ml(g)×3	0.01ml(g)×3		下限	上限
2	0	1	140	10	360
2	0	2	200	30	370
2	0	3	260		
2	1	0	150		
2	1	1	200	30	440
2	1	2	270	70	890
2	1	3	340		
2	2	0	210		
2	2	1	280	40	470
2	2	2	350	100	1500
2	2	3	420		
2	3	0	290		
2	3	1	360		
2	3	2	440		
2	3	3	530		
3	0	0	230	40	1200
3	0	1	390	70	1300
3	0	2	640	150	3800
3	0	3	950		
3	1	0	430	70	2100
3	1	1	750	140	2300
3	1	2	1200	300	3800
3	1	3	1600		
3	2	0	930	150	3800
3	2	1	1500	300	4400
3	2	2	2100	350	4700
3	2	3	2900		
3	3	0	2400	360	13000
3	3	1	4600	710	24000
3	3	2	11000	1500	48000
3	3	3	>24000		

注：1. 本表采用 3 个稀释度，即 1ml（g）、0.1ml（g）和 0.01ml（g），每稀释度 3 支管。

2. 表内所列检样量若改用 10ml（g）、1ml（g）和 0.1ml（g）时，表内数字为原数字的 1/10；若改用 0.1ml（g）、0.01ml（g）和 0.001ml（g）时，则表内数字相应增加 10 倍，依此类推。

2.10 菌落总数测定

2.10.1 概述

食品的微生物学指标主要包括菌落总数、大肠菌群和致病菌三个项目。其中菌落总数和大肠菌群是最重要、最常检验的检验项目。

检测食品中的菌落总数，可以了解食品在生产中，从原料加工到成品包装受外界污染的情况，从而反映食品的卫生质量。一般来说，菌落总数越多，说明食品的卫生质量越差，遭受病原菌污染的可能性越大。而菌落总数仅少量存在时，病原菌污染的可能性就会降低或者几乎不存在。但上述规则也有例外，有些食品成品的菌落总数并不高，但由于已有细菌繁殖并已产生了毒素，且毒素性状稳定，仍存留于食品中；再有一些食品如酸泡菜和酸奶等，本身就是通过微生物的作用而制成的，且是活菌制品。因此，菌落总数的测定对评价食品的新鲜度和卫生质量有着一定的卫生指标的作用，但不能单凭此一项指标来判定食品的卫生质量，还必须配合大肠菌群和致病菌等检验，才能做出比较全面、准确的评价。

2.10.2 菌落总数检测

(1) 实验器材

① 培养基　牛肉膏蛋白胨琼脂培养基。

② 试剂　75％乙醇、无菌生理盐水等。

③ 器材　直径为 9cm 的平皿、18mm×200mm 试管、1ml 和 10ml 吸管、500ml 三角瓶、500ml 广口瓶、均质器或乳钵、培养箱、恒温水浴锅等。

(2) 方法

① 检样稀释及培养

a. 以无菌操作法，将检样 25g 放于装有 225ml 无菌水的三角瓶（瓶内预先放适当数量的玻璃珠）或灭菌乳钵内，经充分振摇或研磨做成 1：10 的均匀稀释液。固体检样最好用无菌均质器，以 8000～10000r/min 的速度离心 1min，做成 1：10 的稀释液。

b. 将上述样品进行 10 倍系列稀释，稀释度视食品性质和污染状况而定。

c. 根据食品卫生标准要求或对检样污染情况的估计，选择 2～3 个适宜稀释度，分别吸取 1ml 稀释液于灭菌平皿内，每个稀释度做 3 个重复。

d. 迅速将熔化后保温在 45℃的牛肉膏蛋白胨琼脂培养基 15～20ml 注入平皿，并转动平皿使混合均匀，同时将培养基倾入加有 1ml 空白稀释剂（即不含样品）的灭菌平皿内作空白对照。

e. 待琼脂凝固后，倒置平皿，于（36±1）℃恒温箱内培养（48±2）h 取出，计算平皿内菌落数目，乘以稀释倍数，即得 1g（1ml）样品所含菌落总数。

② 菌落计算原则　平皿菌落的计算，可用肉眼观察，必要时用放大镜检查，以防止遗漏，也可借助于菌落计数器计数。对长得相当接近，但不相接触的菌落，应予以一一计数。对链状菌落，应当作为一个菌落来计算。平皿中若有较大片状菌落时则不宜采用，若片状菌落少于平皿的一半时，且另一半中菌落分布又均匀，则可将其菌落数的 2 倍作为全皿的数目。算出同一稀释度的平均菌数，供下一步计算时用。

③ 计算方法

a. 首先选择平均菌落数在 30～300 者进行计算。当只有一个稀释度的平均菌落数符合此范围时，即可用它作为平均值乘以其稀释倍数报告之。

b. 若有两个稀释度的平均菌落数都在 30～300 之间，则应按两者的比值来决定。若其比例小于 2，应报告两者的平均数；若大于 2，则报告其中较小的数字。

c. 如果所有稀释度的平均菌落数均大于 300，则应按稀释度最高的平均菌落数乘以稀释倍数报告之。

d. 若所有稀释度的平均菌落数均小于 30，则应按稀释度最低的平均菌落数乘以稀释倍数报告之。

e. 如果全部稀释度的平均菌落数均不在 30～300 之间，则以最接近 300 或 30 的平均菌落数乘以稀释倍数报告之。

f. 菌落计数的报告：菌落在 100 以内时，按实有数报告；大于

100 时，采用二位有效数字，在二位有效数字后面的数值，以四舍五入方法计算，为了缩短数字后面的零数也可用 10 的指数来表示。

3. 整番茄检测项目 ▶▶

3.1　感官检验

3.1.1　原理

罐头食品的感官检验，主要是指产品标准中感官指标的检验。要求检验人员用感官检查产品的特性，包括视觉、嗅觉、味觉以及其他感觉，如动觉、肤觉、手感、听觉等。其主要任务是检验出样品与标准品之间，或样品与样品之间的差异，以及差异的程度，并客观评价出样品的特性。

3.1.2　感官检验环境的要求

参见"番茄制品的检验"中"1.2　感官检验要求"相关内容。

3.1.3　检验人员的要求

参见"番茄制品的检验"中"1.2　感官检验要求"相关内容。

3.1.4　内容与方法

(1) 工具　白瓷盘、匙、不锈钢圆筛（丝的直径为 1mm，筛孔孔径为 2.8mm×2.8mm）、烧杯、量筒、开罐刀等。

(2) 组织与形态检验　在室温下将罐头打开，先滤去汤汁，然后将内容物倒入白瓷盘中，观察其组织、形态是否符合标准。

(3) 色泽检验　在白瓷盘中观察其色泽是否符合标准，将汁液倒在烧杯中，观察其汁液是否清亮透明，有无夹杂物及引起混浊之果肉碎屑。

（4）滋味和气味检验　检验其是否具有与原番茄相似的香味。

3.1.5　标签的判定

标签应注明净容量、厂名、厂址、批号、商标、封装年月、标准代号及编号、保质期等。

3.2　理化检验

3.2.1　可溶性固形物测定

测定方法见番茄酱检测部分。

3.2.2　氯化钠含量测定

（1）原理　样品经处理、酸化后，加入过量的硝酸银溶液，以硫酸铁铵为指示剂，用硫氰酸钾标准滴定溶液滴定过量的硝酸银。根据硫氰酸钾标准滴定溶液的消耗量，计算食品中氯化钠的含量。

（2）试剂

① 冰醋酸。

② 蛋白质沉淀试剂

a. 亚铁氰化钾溶液：称取 106g 亚铁氰化钾溶于水中，转移到 1000ml 容量瓶中，用水稀释至刻度。

b. 乙酸锌溶液：称取 220g 乙酸锌溶于水中，并加入 30ml 冰醋酸，转移到 1000ml 容量瓶中，用水稀释至刻度。

③ 硝酸溶液（1∶3）　量取 1 体积浓硝酸与 3 体积水混匀。使用前需经煮沸、冷却。

④ 80％（体积分数）乙醇溶液：量取 80ml 95.9％（体积分数）乙醇与 15ml 水混匀。

⑤ 0.1mol/L 硝酸银标准滴定溶液：称取 17g 硝酸银溶于水中，转移到 1000ml 容量瓶中，用水稀释至刻度，摇匀，置于暗处，待标定。

⑥ 0.1mol/L 硫氰酸钾标准滴定溶液：称取 9.7g 硫氰酸钾溶于水中，转移到 1000ml 容量瓶中，用水稀释至刻度，摇匀，待标定。

⑦ 硫酸铁铵饱和溶液：称取 50g 硫酸铁铵溶于 100ml 水中，若有沉淀需过滤。

(3) 仪器

① 组织捣碎机。

② 研钵。

③ 水浴锅。

④ 分析天平：可称量 0.0001g。

(4) 0.1mol/L 硝酸银标准滴定溶液和 0.1mol/L 硫氰酸钾标准滴定溶液的标定　称取 0.10～0.15g 基准试剂氯化钠或经 500～600℃灼烧至恒重的分析纯氯化钠（准确至 0.0002g），置于 100ml 烧杯中，用水溶解，转移到 100ml 容量瓶中。加入 5ml 硝酸溶液，边猛烈摇动边加入 30.00ml（V_1）0.1mol/L 硝酸银标准滴定溶液，用水稀释至刻度，摇匀。在避光处放置 5min，用快速定量滤纸过滤，弃去最初滤液 10ml。

取上述滤液 50.00ml 置于 250ml 锥形瓶中，加入 2ml 硫酸铁铵饱和溶液，边猛烈摇动边用 0.1mol/L 硫氰酸钾标准滴定溶液滴定至出现淡棕红色，保持 1min 不褪色。记录消耗硫氰酸钾标准滴定溶液的体积（V_2）。

取 0.1mol/L 硝酸银标准滴定溶液 20.00ml（V_3）置于 250ml 锥形瓶中，加入 30ml 水、5ml 硝酸溶液和 2ml 硫酸铁铵饱和溶液。以下按上述标定步骤操作，记录消耗 0.1mol/L 硫氰酸钾标准滴定溶液的体积（V_4）。

根据硝酸银标准滴定溶液与硫氰酸钾标准滴定溶液的体积比（F），计算硝酸银标准滴定溶液和硫氰酸钾标准滴定溶液的浓度（c_1、c_2），即

$$F = \frac{V_3}{V_4} = \frac{c_1}{c_2}$$

$$c_2 = \frac{\dfrac{m_0}{0.05844}}{V_1 - 2V_2 F}$$

$$c_1 = c_2 F$$

式中　F——硝酸银标准滴定溶液与硫氰酸钾标准滴定溶液的体

积比；

c_1——硝酸银标准滴定溶液的物质的量浓度，mol/L；

c_2——硫氰酸钾标准滴定溶液的物质的量浓度，mol/L；

m_0——氯化钠的质量，g；

V_1——标定时加入硝酸银标准溶液的体积，ml；

V_2——滴定时消耗硫氰酸钾标准滴定溶液的体积，ml；

V_3——测定体积比（F）时，硝酸银标准滴定溶液的体积，ml；

V_4——测定体积比（F）时，硫氰酸钾标准滴定溶液的体积，ml；

0.05844——与 1.00ml 0.1mol/L 硝酸银标准滴定溶液相当的氯化钠质量，g。

(5) 测定步骤

① 试样准备　按固液体比例，取具有代表性的样品至少 200g，去除不可食部分，在组织捣碎机中捣碎，置于 500ml 烧杯中备用。

② 试液的制备　称取已捣碎的试样约 20g（准确至 0.001g），置于 250ml 锥形瓶中，加入 100ml 70℃热水，充分振摇，抽提 15min，将锥形瓶中的内容物全部转移到 200ml 容量瓶中，用水稀释至刻度，摇匀。用滤纸过滤，弃去最初部分滤液。

③ 沉淀氯化物　吸取上述经处理的试液（含 50～100mg 氯化钠），置于 100ml 容量瓶中，加入 5ml 硝酸溶液。边猛烈摇动边加入 20.00～40.00ml 0.1mol/L 硝酸银标准滴定溶液，用水稀释至刻度，在避光处放置 5min。用快速定量滤纸过滤，弃去最初滤液 10ml。

当加入 0.1mol/L 硝酸银标准滴定溶液后，若不出现氯化银凝聚沉淀，而呈现胶体溶液时，应在定容后，摇匀移入 250ml 锥形瓶中，置于沸水浴中加热数分钟（不得用直接火加热），直至出现氯化银凝聚沉淀。取出，在冷水中迅速冷却至室温，用快速定量滤纸过滤。弃去最初滤液 10ml。

④ 滴定　吸取上述经沉淀氯化物后的滤液 50.00ml，置于 250ml 锥形瓶中，加入 2ml 硫酸铁铵饱和溶液，边猛烈摇动边用硫氰酸钾标准滴定溶液滴至出现淡棕红色，且保持 1min 不褪色为止。

记录消耗硫氰酸钾标准滴定溶液的体积（V_5）。

⑤ 空白试验 用 50ml 水代替 50.00ml 滤液，加入滴定试样时消耗 0.1mol/L 硝酸银标准滴定溶液体积的二分之一，按与样品滴定相同的步骤操作，记录空白试验消耗硫氰酸钾标准滴定溶液的体积（V_0）。

(6) 结果计算 样品中氯化钠的含量为

$$X = \frac{0.05844 \times c_2(V_0 - V_5)n_1}{m} \times 100$$

式中 X——样品中氯化钠的含量，g/100g；

V_0——空白试验时消耗硫氰酸钾标准滴定溶液的体积，ml；

V_5——滴定试样时消耗硫氰酸钾标准滴定溶液的体积，ml；

c_2——硫氰酸钾标准滴定溶液的实际浓度，mol/L；

n_1——样品的稀释倍数；

m——样品的质量，g。

计算结果精确至小数点后两位。

(7) 说明 同一样品的两次测定值之差，每 100g 试样不得超过 0.2g。

3.2.3 pH 值测定

见番茄酱检测部分。

3.2.4 番茄红素测定

见番茄酱检测部分。

3.3 卫生指标检验

见番茄酱检测部分。

4. 骰粒番茄检验项目 ▶▶

4.1 感官检验

见整番茄罐头感官检验。

4.2　理化检验

见整番茄罐头理化检验。

4.3　卫生指标检验

见整番茄罐头卫生指标检验。

5. 番茄汁检测项目 ▶▶

5.1　感官检验

5.1.1　感官测定的准备

（1）瓶装饮料　取未贴标签或洗掉标签的瓶装饮料，置于光线良好的地方迎光观察，或倒入洁净、干燥的250ml高型烧杯中迎光观察。

（2）听装饮料　打开盖，将饮料倒入洁净、干燥的250ml高型烧杯中，在光线良好的地方迎光观察。

（3）桶（罐）装饮料　将采集来未经处理的分析样品倒入洁净、干燥的250ml高型烧杯中，在光线良好的地方迎光观察。

5.1.2　感官检验

将原瓶装或听装的饮料置于20℃水浴中保持至等温后启盖，注入清洁、干燥的250ml高型烧杯中，嗅其气味并品尝滋味，根据鼻、舌头和口腔的不同部位对香气和口味的反应做出评价并记录。色泽自然，应有本品特有的色泽，香气和谐，口味协调、柔和、适口。

果汁的感官检验以3～6个样品为一组。用同样的玻璃杯，装入同体积的样品，温度应始终如一，约为18℃，提供给三名以上经验丰富的评尝员。检验室应通风、明亮。最后，汇总评定结果，并进行比较、讨论。在每次连续检验过程中，对最有经验的评尝员，检验样品的数量也不得超过 15～20 个品种。

检验结果的评定：可以酌情采用比较简单或比较详细的一种方案（表 5-1）。

表 5-1　简化的感官检验方案

项　目		评　分				得　分
		4	3	2	1	
外观	清汁	澄清透明,无沉淀	微混浊,略有沉淀	较混浊,有少量沉淀	严重混浊或沉淀较多	
	浑汁	均匀混浊,无沉淀	混浊较均匀,略有沉淀	几乎没有混浊,少量沉淀	澄清透明或沉淀较多	
色泽		色正常,光泽好	色较深或色较淡,有光泽	色深或几乎无色,光泽差	色极深或无色,无光泽	
香气		香气极浓、纯正,无异香	香气宜人,无异香	香气淡,略带有其他滋味	有明显的异香	
滋味		滋味极浓、纯正,无异味	滋味宜人,无异味	滋味淡,略带其他滋味	有明显异味	
结论		优质产品	商业产品	需改进质量限销售	不能销售	

总分：
建议（合格或不合格）：
产品不准销售的标准是：
a. 任何一项性质被评为 1 分。
b. 总分低于 15 分（满分为 20 分）。

5.1.3　详细的感官检验方案

(1) 色泽和外观（表 5-2）。

表 5-2　色泽和外观

评分	鉴评情况
4	产品色泽应与品名相符。果汁应具有新鲜水果近似的色泽或习惯承认颜色。同一产品色泽鲜亮一致,无变色现象。清汁澄清透明,浑汁均匀混浊、无沉淀
3	颜色正常有光泽,透明或均匀混浊、有微量沉淀
2	颜色正常或较深。标签上注明"清汁",但呈现出混浊,色过深或过浅,如氧化变色。标签上注明"浑汁",但混浊度较差,有少量沉淀
1	颜色正常或较深。标签上注明"浑汁",但呈现明显沉淀,上层呈透明清液,色泽深浅不当。标签上注明"清汁",但呈现混浊,并有明显沉淀

(2) 香气（表 5-3）。

表 5-3　香气鉴评表

评　　分	鉴　评　情　况
6	香气柔和、优雅
5	具有很浓的果香
4	具有明显的果香
3	具有较淡的果香
2	稍有异香或稍有刺激味
1	有令人不愉快的异香，或无果香味

(3) 滋味（表 5-4）。

表 5-4　滋味鉴评表

评　　分	鉴　评　情　况
10	口味优雅、爽口，糖酸比协调
9	有较浓的水果味，糖酸比协调
8	有水果味，糖酸比协调
7	含有水果味，糖酸比协调
6	含有水果味，糖酸比较协调
5	含有水果味，糖酸比不协调
4	含有其他品种的令人愉快的水果味，糖酸比协调
3	含有其他品种的令人不愉快的水果味，糖酸比不协调
2	有明显的异味
1	无水果味

5.1.4　净含量与标签的判定

(1) 净含量的判定方法　一般采用容量法，2L 以上可采用称量法。

容量法是指在（20±2）℃的条件下，将样品沿容器壁缓慢倒入干燥洁净的量筒中，待饮料液面静止时观察液位的凹液面是否与量筒刻度相平。读取凹液面刻度即为该饮料的体积。并计算其负偏差值。

(2) 标签的判定　标签应注明净容量、厂名、厂址、批号、商标、封装年月、标准代号及编号、保质期等。

5.2　理化检验

5.2.1　水分及固形物的测定（直接干燥法）

直接干燥法适用于在 95～105℃，对不含或含其他挥发性物质甚微的饮料中的水分及总固形物进行测定。

(1) 测定原理 直接干燥法测定食品的水分,是基于食品中的水分受热后,产生的蒸气压高于空气在电热干燥箱中的分压,使食品中的水分蒸发出来,同时,通过不断地加热和排去蒸汽,从而达到干燥的目的。

(2) 试剂

① 盐酸溶液 (1+1)。

② 6mol/L 氢氧化钠溶液 称取 24g 氢氧化钠,加水溶解并稀释至 100ml。

③ 海砂 取用水洗去泥土的海砂或河砂,先用盐酸溶液煮沸 0.5h,用水洗至中性,再用 6mol/L 氢氧化钠溶液煮沸 0.5h,用水洗至中性,经 105℃ 干燥后备用。

(3) 主要仪器 恒温干燥箱、称量瓶、分析天平、蒸发皿等。

(4) 测定步骤 取洁净的蒸发皿,内加 10.0g 海砂及一根小玻棒,置于 95～105℃ 干燥箱中,干燥 0.5～1.0h 后取出,放入干燥箱内冷却 0.5h 后称量,并重复干燥至恒重。然后精密称取 5～10g 样品,置于蒸发皿中,用小玻棒搅匀,放在沸水浴上蒸干,并随时搅拌,擦去皿底的水滴,置 95～105℃ 干燥箱中干燥 4h 后盖好取出,放入干燥器内冷却 0.5h 后称量。然后再放入 95～105℃ 干燥箱中干燥 1h 左右,取出,放干燥器内冷却 0.5h 后再称量,至前后两次质量差不超过 2mg 为止。

(5) 结果计算

① 水分的含量 其计算公式为

$$X(水分) = \frac{m_1 - m_2}{m_1 - m_3} \times 100$$

式中 X(水分)——样品中水分的含量,g/100g;

m_1——称量瓶 (或蒸发皿、海砂、玻棒) 和样品的质量,g;

m_2——称量瓶 (或蒸发皿、海砂、玻棒) 和样品干燥后的质量,g;

m_3——称量瓶 (或蒸发皿、海砂、玻棒) 的质量,g。

② 总固形物的含量 其计算公式为

$$X(固形物)=\frac{m_2-m_3}{m_1-m_3}\times100$$

式中 X(固形物)——样品中固形物的含量，g/100g。

总固形物是指含水物质经加热蒸发除去水分后所剩下的全部残留物，故固形物的质量分数的关系式为

$$w(固形物)+w(水分)=100\%$$

5.2.2 可溶性固形物测定

同番茄酱检测方法。

5.2.3 pH 值测定

同番茄酱检测方法。

5.3 卫生指标检验

菌落总数、大肠杆菌测定见整番茄罐头测定。

附　录

附表1　折光率与可溶性固形物质量分数换算表

折光率 n_D^{20}	可溶性固形物的质量分数/%	折光率 n_D^{20}	可溶性固形物的质量分数/%	折光率 n_D^{20}	可溶性固形物的质量分数/%	折光率 n_D^{20}	可溶性固形物的质量分数/%
1.3330	0	1.3672	22	1.4076	44	1.4558	66
1.3344	1	1.3689	23	1.4096	45	1.4582	67
1.3359	2	1.3706	24	1.4117	46	1.4606	68
1.3373	3	1.3723	25	1.4137	47	1.4630	69
1.3388	4	1.3740	26	1.4158	48	1.4654	70
1.3403	5	1.3758	27	1.4179	49	1.4679	71
1.3418	6	1.3775	28	1.4301	50	1.4703	72
1.3433	7	1.3793	29	1.4222	51	1.4728	73
1.3448	8	1.3811	30	1.4243	52	1.4753	74
1.3463	9	1.3829	31	1.4265	53	1.4778	75
1.3478	10	1.3847	32	1.4286	54	1.4803	76
1.3494	11	1.3865	33	1.4308	55	1.4829	77
1.3509	12	1.3883	34	1.4330	56	1.4854	78
1.3525	13	1.3902	35	1.4352	57	1.4880	79
1.3541	14	1.3920	36	1.4374	58	1.4906	80
1.3557	15	1.3939	37	1.4397	59	1.4933	81
1.3573	16	1.3958	38	1.4419	60	1.4959	82
1.3589	17	1.3978	39	1.4442	61	1.4985	83
1.3605	18	1.3997	40	1.4465	62	1.5012	84
1.3622	19	1.4016	41	1.4488	63	1.5039	85
1.3638	20	1.4036	42	1.4511	64		
1.3655	21	1.4056	43	1.4535	65		

附表 2　可溶性固形物对温度的校正表（20℃）

温度/℃	固形物的质量分数/%														
	0	5	10	15	20	25	30	35	40	45	50	55	60	65	70
	减去校正值														
10	0.50	0.54	0.58	0.61	0.64	0.66	0.68	0.70	0.72	0.73	0.74	0.75	0.76	0.78	0.79
11	0.46	0.49	0.53	0.55	0.58	0.60	0.62	0.64	0.65	0.66	0.67	0.68	0.69	0.70	0.71
12	0.42	0.45	0.48	0.50	0.52	0.54	0.56	0.57	0.58	0.59	0.60	0.61	0.61	0.63	0.63
13	0.37	0.40	0.42	0.44	0.46	0.48	0.49	0.50	0.51	0.52	0.53	0.54	0.54	0.55	0.55
14	0.33	0.35	0.37	0.39	0.40	0.41	0.42	0.43	0.44	0.45	0.45	0.46	0.46	0.47	0.48
15	0.27	0.29	0.31	0.33	0.34	0.34	0.35	0.36	0.37	0.37	0.38	0.39	0.39	0.40	0.40
16	0.22	0.24	0.25	0.26	0.27	0.28	0.28	0.29	0.30	0.30	0.30	0.31	0.31	0.32	0.32
17	0.17	0.18	0.19	0.20	0.21	0.21	0.21	0.22	0.22	0.23	0.23	0.23	0.23	0.24	0.24
18	0.12	0.13	0.13	0.14	0.14	0.14	0.14	0.15	0.15	0.15	0.15	0.16	0.16	0.16	0.16
19	0.06	0.06	0.06	0.07	0.07	0.07	0.07	0.08	0.08	0.08	0.08	0.08	0.08	0.08	0.08

温度/℃	固形物的质量分数/%														
	0	5	10	15	20	25	30	35	40	45	50	55	60	65	70
	加上校正值														
21	0.06	0.07	0.07	0.07	0.07	0.08	0.08	0.08	0.08	0.08	0.08	0.08	0.08	0.08	0.08
22	0.13	0.13	0.14	0.14	0.15	0.15	0.15	0.15	0.15	0.16	0.16	0.16	0.16	0.16	0.16
23	0.19	0.20	0.21	0.22	0.22	0.23	0.23	0.23	0.23	0.24	0.24	0.24	0.24	0.24	0.24
24	0.26	0.27	0.28	0.29	0.30	0.30	0.31	0.31	0.31	0.31	0.31	0.32	0.32	0.32	0.32
25	0.33	0.35	0.36	0.37	0.38	0.38	0.39	0.40	0.40	0.40	0.40	0.40	0.40	0.40	0.40
26	0.40	0.42	0.43	0.44	0.45	0.46	0.47	0.48	0.48	0.48	0.48	0.48	0.48	0.48	0.48
27	0.48	0.50	0.52	0.53	0.54	0.55	0.55	0.56	0.56	0.56	0.56	0.56	0.56	0.56	0.56
28	0.56	0.57	0.60	0.61	0.62	0.63	0.63	0.64	0.64	0.64	0.64	0.64	0.64	0.64	0.64
29	0.64	0.66	0.68	0.69	0.71	0.72	0.72	0.73	0.73	0.73	0.73	0.73	0.73	0.73	0.73
30	0.72	0.74	0.77	0.78	0.79	0.80	0.80	0.81	0.81	0.81	0.81	0.81	0.81	0.81	0.81

参 考 文 献

[1] 李光普. 番茄实用加工技术. 天津：天津科技翻译出版公司，2010.
[2] 罗云波. 果蔬采后生理与生物技术. 北京：中国农业出版社，2010.
[3] 刘晓杰. 食品加工机械与设备. 北京：高等教育出版社，2004.
[4] 李会远. 番茄无公害标准化栽培技术. 北京：化学工业出版社，2009.
[5] 张晓明，朴金丹. 番茄标准化生产技术. 北京：金盾出版社，2009.
[6] 周家春. 食品工艺学. 北京：化学工业出版社，2003.
[7] 王丽琼. 果蔬贮藏与加工. 北京：中国农业大学出版社，2008.
[8] 陆兆新. 果品贮藏加工及质量管理技术. 北京：中国轻工业出版社，2004.
[9] 陈学平. 果品蔬菜加工工艺学. 北京：中国农业出版社，2003.
[10] 崔成东. 实用果蔬保鲜加工技术. 哈尔滨：黑龙江科学技术出版社，2004.
[11] 陈梦林. 果蔬产品特色加工. 南宁：广西科学技术出版社，2004.
[12] 陈仪男. 果蔬罐藏加工技术. 北京：中国轻工业出版社，2010.
[13] 叶兴乾. 果品蔬菜加工工艺学. 北京：中国农业出版社，2002.
[14] 赵丽芹. 果蔬加工工艺学. 北京：中国轻工业出版社，2002.
[15] 艾启俊，张德权. 果品深加工新技术. 北京：化学工业出版社，2003.
[16] 张裕中. 食品加工技术装备. 北京：中国轻工业出版社，2003.
[17] 陈斌. 食品加工机械与设备. 北京：机械工业出版社，2003.
[18] 曾庆孝. 食品加工与保藏原理. 北京：化学工业出版社，2002.
[19] 袁惠新等. 食品加工与保藏技术. 北京：化学工业出版社，2000.
[20] 赵国洪. 实施 HACCP 体系确保食品安全卫生. 世界标准化与质量管理，2001 (3)：22.